CHENGSHI PEIDIANWANG GONGCHENG XIANGMU QIANQI GONGZUO SHOUCE

城市配电网工程项目前期工作手册

国网上海市电力公司市北供电公司 组编

中国电力出版社
CHINA ELECTRIC POWER PRESS

内 容 提 要

本书根据实际工作经验提出推进配电网工程项目前期的原则及对策，将工程前期的相关知识和经验传授给读者，主要包括概述、立项前期工作、工程前期工作、110（35）kV变电站及电力通道相关技术规范、推进配电网前期工作的原则及对策等内容。

本书可供从事配电网工程项目前期工作的相关人员学习参考。

图书在版编目（CIP）数据

城市配电网工程项目前期工作手册 / 国网上海市电力公司市北供电公司组编 .—北京：中国电力出版社，2020.10

ISBN 978-7-5198-4870-5

Ⅰ.①城… Ⅱ.①国… Ⅲ.①城市配电网—工程项目管理—手册 Ⅳ.① TM727.2-62

中国版本图书馆 CIP 数据核字（2020）第 148714 号

出版发行：中国电力出版社
地　　址：北京市东城区北京站西街 19 号（邮政编码 100005）
网　　址：http://www.cepp.sgcc.com.cn
责任编辑：吴　冰（010-63412356）
责任校对：黄　蓓　马　宁
装帧设计：张俊霞
责任印制：石　雷

印　　刷：北京天宇星印刷厂
版　　次：2020 年 10 月第一版
印　　次：2020 年 10 月北京第一次印刷
开　　本：787 毫米 ×1092 毫米　16 开本
印　　张：4.75
字　　数：97 千字
印　　数：0001-1500 册
定　　价：30.00 元

本书编委会

编 委 会 主 任： 史济康　沈建忠

编委会副主任： 毛　俊　王卫公　吴峥嵘　俞　康
张　立　王战平

本书编写组

主　编： 吴峥嵘

副主编： 陈春琴　陈　群　薛　兵　石江华　黄震宙

编写组成员

国网上海市电力公司市北供电公司

郑　熠　吴　静　傅佳红　申意文　余　捷　王凯令
包明立　卢俊琰　朱立蓉　阙之玫　夏　澍

前 言

《上海市城市总体规划（2017—2035）》中提出了将上海建成卓越的全球城市，令人向往的创新之城、人文之城、生态之城，具有世界影响力的社会主义现代化国际大都市的目标愿景，而电网是经济社会发展的重要公共基础设施。一流城市需要一流电网，新时期地区发展需求对城市配电网提出了极高的要求。为落实人民美好生活的追求及对国家电网有限公司“具有中国特色国际领先的能源互联网企业”战略目标的实现，进一步发挥电网投资拉动作用，聚焦特高压等“新基建”领域，把握投资重点，调增投资规模工作要求，就必须加快建设一流现代化配电网，需要扎扎实实做好电网建设。

配电网前期工作是衔接电网规划与电网建设的桥梁，既要满足社会发展对电网建设的需求，又受诸多外部环境条件的限制。如何在保证电网投资效益的前提下顺利完成配电网前期工作，就需要有相当数量的配电网前期专业人员来共同完成这一艰巨的任务。

本书由电网规划、立项前期、工程前期的专职人员结合日常工作及综合多方专家的意见和建议编写而成。全书从上海市 110kV 及以下电网（配电网）工程立项前期工作内容、工作流程、证照办理，工程前期工作内容、工作流程、证照办理，110（35）kV 变电站及电力通道相关技术规范等方面开展论述，最后根据实际工作经验提出推进配电网工程项目前期的原则及对策，将工程建设前期的相关知识和经验传授给读者；使之通过本书的学习，能够对电力公司项目前期的工作内容和基本知识有所了解，由此更好地开展工作。

由于编者水平所限，书中难免有疏漏之处，敬请读者批评指正。

编　者

2020 年 5 月

目录

CONTENTS

1 概述

改革开放以来，我国投资体制发生了深刻的变革，传统计划经济体制已被市场经济体制所取代，目前形成了投资主体多元化、投资渠道多样化、投资运作市场化的投资新格局。为进一步确立企业的主体地位，减少政府对企业经营活动的干预，更好地发挥市场对资源配置的基础性作用，2004 年，国务院决定按照“谁投资、谁决策、谁收益、谁承担风险”的原则改革原有的投资审批制度，明确对不使用政府投资的项目由实行审批制改为实行核准制或备案制。同年，国家发改委对投资项目核准的范围、程序和效力等内容出台了办法，标志着我国的企业投资体制正式实现由审批制向核准制的转变。作为能源类重大建设项目的电网工程，按照核准办法要求和核准目录规定必须执行核准制。

2013 年 5 月 13 日，国务院召开全国电视电话会议，全面部署国务院机构职能转变工作。李克强总理强调，要贯彻落实党的十八届二中全会和国务院第一次全体会议精神，处理好政府与市场、政府与社会的关系，把该放的权力放掉，把该管的事务管好，激发市场主体创造活力，增强经济发展内生动力，把政府工作重点转到创造良好发展环境、提供优质公共服务、维护社会公平正义上来。行政审批制度改革是转变政府职能的突破口，是释放改革红利、打造中国经济升级版的重要一招。一要以简政放权稳增长。二要以简政放权推转型。三要以简政放权促就业。同时，要调动中央和地方两个积极性，发挥地方政府贴近基层的优势，把由地方实施更有效的审批事项，坚决下放给地方。项目核准作为配电网前期工作的重要拐点，同时伴随着规划、国土、环保等前置条件的审批权限同步下放。政府“简政放权”后无疑对电网企业在配电网前期工作中松了绑，是电网项目后审批时期的重大机遇。

1.1 前期工作的重要性

近年来，我国经济迅速发展，对电力的需求日益增大，电网工程建设项目也越来越多，配电网工程项目前期工作是电网建设全过程中首当其冲的一个重要环节，前期工作也是电网规划工作的延伸和发展，二者关系紧密，它涵盖了每一个电网工程从设想、构思、规划、筹建到正式建设的全过程。

配电网工程项目前期工作过程中涉及规划、可研、国土、环境保护、水土保持、项目核准、初设、施工图、建设用地规划、土地划拨、建设工程规划许可、施工许可等方面的工作。其涉及知识面广、程序复杂、政策性强、工作协调量大，对电网的可持续发展、保证工程建设周期有着至关重要的作用。

1.2 前期工作的定义

工程项目投资建设周期是指从提出投资设想，经过前期论证、投资决策、建设准备、建设实施、竣工验收直至投产运营所经历的全过程。

项目的投资建设周期是按顺序排列而有时又相互交叉的各项目阶段的集合，包括项目从开始到结束所经历的各个阶段。为顺利完成工程项目的投资建设，通常要把每一个工程项目划分成若干工作阶段，以便更好地进行管理。每一个阶段都以一个或数个可交付成果作为其完成的标志。可交付成果就是某种有形的、可以核对的工作成果。可交付成果及其对应的各阶段组成了一个逻辑序列，最终形成了工程项目成果。

工程项目投资建设周期可划分为四个阶段：前期阶段、准备阶段、实施阶段和投产运营阶段，如图 1－1 所示。

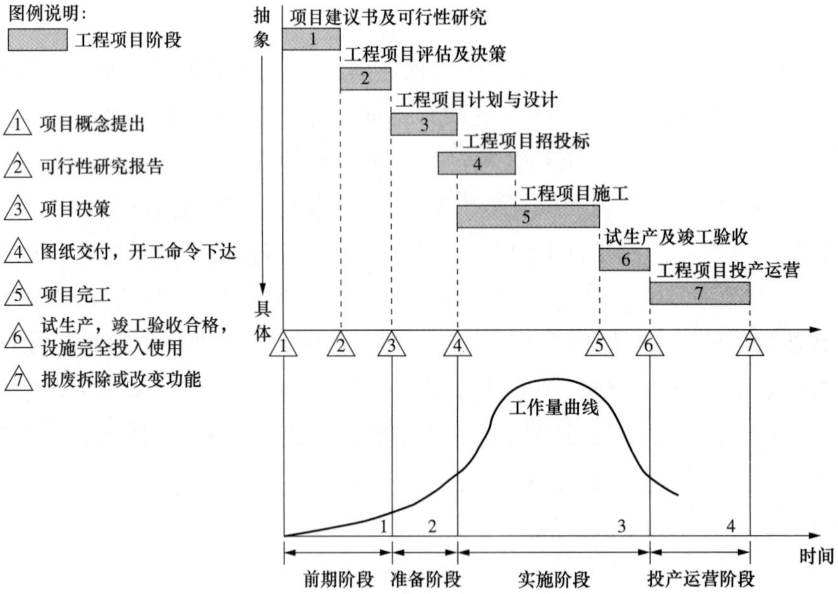

图 1－1　工程项目投资建设周期及阶段

根据《国家电网公司电网项目前期工作管理办法（试行）》和《国家电网公司输变电工程前期管理办法》的相关规定，将工程项目投资建设周期中的前期阶段和准备阶段，分别定义为立项前期和工程前期，具体定义为：

（1）立项前期工作是指根据国家核准制要求，在电网项目核准之前所开展的相关工作（包括取得核准），视国家和地方法律法规要求可能包括但不限于：可行性研究报告的编制及评审、用地预审、选址意见书（表）等专题报告的编制及各项核准支持性文件的落实，核准申请报告的编制及报送等工作。

（2）工程前期是指项目核准后、工程开工前的建设准备时期。包括但不限于初步设计、施工图设计和开工准备三阶段工作内容。初步设计阶段工作内容主要包括设计和监理招标、初步设计、初设评审及批复等；施工图设计阶段工作内容主要包括首批物资招标、施工图设计以及建设用地规划、土地划拨、建设工程规划许可证办理等；开工准备阶段工作内容主要包括施工招标、拆迁补偿及“四通一平一围”、施工许可办理等。

1.3 前期工作的特征

（1）工作内容繁杂。目前项目前期工作执行的是“1 + *n* + 1 + *n* + 1”[1] 的核准模式，首先由发改委核发建设计划进入立项前期，由多个政府主管部门根据职责分工出具相应支持文件，再由发改委进行核准批复进入工程前期，由多个政府主管部门根据职责分工出具相应支持文件，最后由住房和城乡建设管理委颁发工程施工许可证。流程看似简单，但实际工作中存在内容较为繁杂的问题，如为取得某项支持性文件，可能需要征询多个部门的意见，并编制多种专题报告，工作中的不可控因素较多。

（2）流程环节长。电网建设项目前期工作的流程较长，可能涉及从地方到中央的多级主管部门，任何环节出现问题都可能对前期工作的进度带来影响。

（3）质量要求高。随着《中华人民共和国城乡规划法》《中华人民共和国物权法》等法律制度实施的深入，各主管部门对前期支持文件的办理要求逐步提高，除选址选线、土地预审、环境影响评价之类的必备工作之外，诸如地质评估、压矿评估、文物勘探、林业资源影响评价等内容已成为前期工作的重要内容。随着工作质量要求不断提高，前期工作的难度正逐渐增大。

1.4 前期工作涉及的主要工程类别

前期工作涉及的主要工程有9类，见表1－1。

[1] “1 + *n* + 1 + *n* + 1”中第一个“1”为发改委批复建设计划，第一个“*n*”为办理建设项目选址意见书，环评审批，用地预审批复等立项前期证照及批文的过程，第二个“1”为发改委核准，第二个“*n*”为办理建设用地批准书、建设用地规划许可证、建设工程规划许可证、建筑工程施工许可证等工程前期证照及批文的过程，第三个“1”为工程施工许可证。

表 1 – 1　　前期工作涉及的主要工程类别

序号	电压等级（kV）	工程名称	工程简述
1	110、35	110、35kV 输变电工程	变电站土建、电气（含电源仓）、电源线路及相关土建排管（顶管）
2	110、35	220kV 输变电配套送出工程	220kV 变电站 110、35kV 出线相关电气及相关土建排管（顶管）
3	110、35	110、35kV 线路新建工程	10、35kV 线路相关电气（含电源仓）及相关土建排管（顶管）
4	110、35	110、35kV 变电站配套送出工程	新建变电站、35kV 变电站升压配套 10kV 出线，变电站扩建配套 10kV 出线，变电站改造（含增容）配套 10kV 出线，相关土建排管（顶管）
5	10	10kV 线路新建工程	新建架空线路、电缆线路，电源优化，负荷割接，电网调整等，且涉及变电站、配电站 10kV 进出线电源调整（如新增间隔、调整间隔等），相关土建排管（顶管）
6	110、35、10	110、35、10kV 电源送出工程	常规电源（经发展部受理）110、35、10kV 接入系统（含风电、水电、光伏、天燃气接入等）新建线路，相关土建排管（顶管）
7	35、10	35、10kV 分布式电源接入工程	分布式电源接入系统新建线路，相关土建排管（顶管）
8	35、10	架空线入地工程	根据地方政府或重要地区开发用户需求提出的部分现有架空线路改为电缆线路工程
9	/	排管工程	线路排管（顶管）工程，不含电气部分

注　1. 110、35、10kV 电源送出工程中电源指接入上海公共电网的总装机容量 6MW 及以上的全额上网发电项目，以及 6MW 以下接入公共电网的除光伏外的全额上网发电项目；其中，“全额上网”的发电项目是指接入点为公共连接点、年自发自用电量小于等于 50% 的发电项目。

2. 35、10kV 分布式电源接入工程中分布式电源指在用户所在场地或附近建设安装、运行方式以用户侧自发自用为主、余电上网，且在配电网系统平衡调节为特征的发电设施或有电力输出的能量综合梯级利用多联供设施。包括太阳能、天然气、生物质能、风能、地热能、海洋能、资源综合利用发电（含煤矿瓦斯发电）等。其中“自发自用、余电上网”的发电项目是指年自发自用电量大于 50% 的发电项目。

1.5　前期工作存在的困难

电网工程建设的最终成果取决于前期工作的顺利程度。

随着外部环境的急剧变化，电网工程项目前期工作出现的新问题、新困难，涉及点多面广、程序繁杂、工作量大、周期较长，在一定层面上已成为制约电网发展的瓶颈，进而影响了国民经济的发展。针对出现的这些问题，必须采取相应的措施，加强防范，在实践中解决，达到加快电网建设的目的。

（1）依法建设给前期工作提出更高要求。近年来，国家陆续出台了一批与电网建设密切相关的重要法律法规：《中华人民共和国环境保护法》《中华人民共和国物权法》《中华人民共和国城乡规划法》《中华人民共和国水土保持法》《中华人民共和国文物法》等，对电网建设前期工作程序和方式内容产生了重大影响。如《中华人民共和国物权法》的出台增加了占地及拆迁赔偿难度；《中华人民共和国城乡规划法》规定电网规划要经地方规划部门组织评审批准并向社会公示，对电网建设前期工作的要求更高。

（2）土地资源紧张，选址选线困难。随着社会经济的发展，土地资源已成为一种稀缺资源，造成变电站站址和线路通道选择日渐困难。特别在线路路径方面，因担心输电线路对土地整体规划造成影响，线路沿线政府及群众对工程建设持一定的排斥态度，造成选线困难。

（3）行业部门存在壁垒，前期工作易受阻。电网工程不可避免地会与其他设施存在交叉、跨越或占用等问题，所涉及相关部门或个人多会从自身角度出发，提出避让或高额补偿要求，一些存在压矿、穿越保护区或军事区的输变电工程建设项目则更难以取得支持协议，前期工作阻力较大。

（4）缺乏足够理解支持，电网建设成本加大。长期以来，人们对电网建设项目持“依赖”和“排斥”并存的矛盾态度，特别是因担心变电设施会影响城区规划、景观及存在电磁影响等。政府多会要求采用电缆方式进行建设，或者要求将站址建在远离负荷中心的地方，造成输变电工程出线供电距离长、曲折系数大、工程造价高等问题，增加了电网建设的无效成本，降低了电网投资效益，某种程度上来说是社会资源的浪费。

2 立项前期工作

2.1 各类立项前期工作证照及批文办理

各类立项前期工作主要证照和批文应根据国家的《中华人民共和国土地管理法》《中华人民共和国城乡规划法》《中华人民共和国环境保护法》《中华人民共和国环境影响评价法》《建设项目环境保护管理条例》《中华人民共和国土地管理法实施条例》《企业投资项目核准和备案管理条例》《企业投资项目核准和备案管理办法》《政府核准的投资项目目录》等进行办理，不同城市有不同的要求，如上海市还应根据《上海市城乡规划条例》《上海市环境保护条例》《上海市企业投资项目核准管理办法》《上海市政府核准的投资项目目录细则（2017 年本）》等法律法规要求。上海境内涉及土建的配电网工程建设核准需要办理主要证照及批文详见表 2－1。

表 2－1　　各类立项前期工作证照及批文办理表

序号	工程名称	电力公司批文名称	政府证照及批文名称	备注
1	110、35kV 输变电工程	（1）项目建议书专题会议纪要； （2）项目可行性研究报告的批复	（1）建设项目规划土地意见书； （2）建设项目水土保持方案审批； （3）建设项目环境影响批复； （4）企业投资项目核准（电网项目）批复	（2）、（3）为非必要
2	220kV 输变电配套送出工程	（1）项目建议书专题会议纪要； （2）项目可行性研究报告的批复	（1）建设项目环境影响批复； （2）企业投资项目核准（电网项目）批复	（1）为非必要

续表

序号	工程名称	电力公司批文名称	政府证照及批文名称	备注
3	110、35kV 线路新建工程	（1）项目建议书专题会议纪要； （2）项目可行性研究报告的批复	（1）建设项目环境影响批复； （2）企业投资项目核准（电网项目）批复	（1）为非必要
4	110、35kV 变电站配套送出工程	项目可行性研究报告的批复	无	
5	10kV 线路新建工程	项目可行性研究报告的批复	无	
6	110、35、10kV 电源送出工程	（1）接入系统设计报告评审会议纪要； （2）接网工程可研批复	（1）建设项目环境影响批复（不含 10kV 项目）； （2）企业投资项目核准（电网项目）批复	由项目业主完成政府部门证照及批文审批工作。 （1）为非必要
7	35、10kV 分布式电源接入工程	（1）接入系统设计报告评审会议纪要； （2）接网工程可研批复	（1）建设项目环境影响批复（不含 10kV 项目）； （2）企业投资项目核准（电网项目）批复	由项目业主完成政府部门证照及批文审批工作，供电公司为自然人分布式光伏发电项目提供项目备案服务。 （1）为非必要
8	架空线入地工程	项目可行性研究报告的批复	无	
9	排管工程	项目可行性研究报告的批复	无	

注 建设项目环境影响批复不作为前置文件，施工前取得即可。

2.2 立项前期工作流程概述

按照各类证照及批复的审批许可单位，立项前期工作流程主要分为两个条线，即公司条线（内部）和政府条线（外部）。按照工作的先后顺序，立项前期工作的流程（以上海市 110kV 输变电工程为例）如图 2－1 所示。

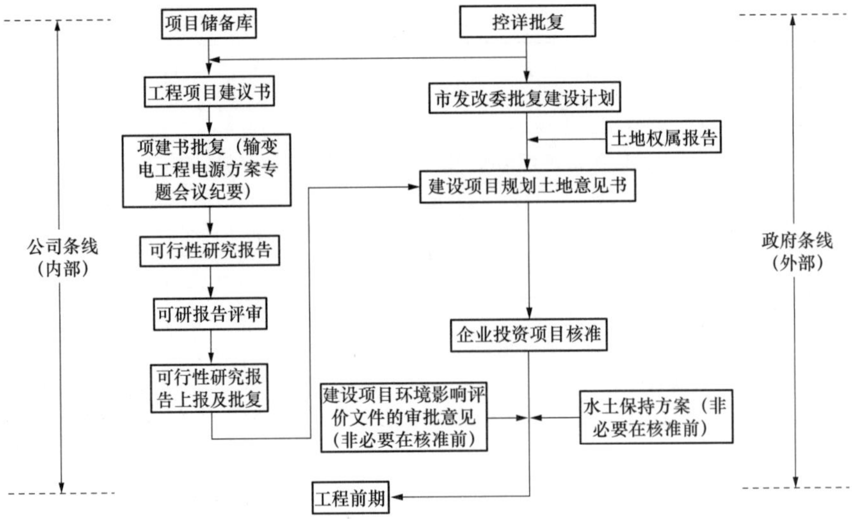

图2－1　立项前期工作流程图（以常规110kV输变电工程为例）

2.3　电力公司批文审批及报告编制

2.3.1　项目建议书审批及报告编制

（1）审批流程。

项目建议书的批复（专题会议纪要）单位是上海经研院及供电公司，根据权限划分为：110、35kV项目原则上由上海经研院批复，10kV项目原则上由供电公司批复。按照工作的先后顺序，项目建议书审批流程如图2－2所示。

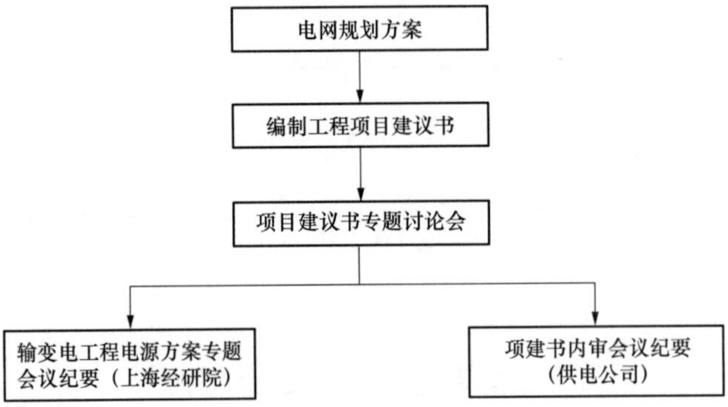

图2－2　项目建议书审批（专题会议纪要）工作流程图

（2）申报材料。

项目建议书审批申报材料（以输变电工程为例）如表2－2所示。

表 2 -2　　项目建议书审批申报材料

序号	材料名称	材料类型	纸质材料份数	材料形式
1	控制性详细规划	原件或复印件	1	纸质
2	输变电项目建设计划	原件或复印件	1	纸质
3	用地建设协议及附件（非必要）	原件或复印件	1	纸质
4	项目建议书	原件	按需	纸质

（3）报告编制。

项目建议书分为两个部分，分别为项建书主体和通信配套部分。其中项建书主体部分由各供电公司发展策划部负责编制，作为可行性研究报告编制的依据。

项建书编制包含但不限于以下内容：工程建设地点、工程实施必要性、工程建设条件、工程规模、总投资匡算、工程进度要求、工程预计效果。

项建书通信配套部分编制包含但不限于以下内容：项目建设内容简述、项目建设通信配套方案范围、通信配套建设基本原则、项目建设的规模、投资匡算。

2.3.2　可行性研究报告批文审批及报告编制

（1）审批流程。

可行性研究报告的批复单位是市电力公司及供电公司，根据权限划分为：110、35kV 项目由经研院评审，市电力公司批复；10kV 项目由供电公司组织评审、批复并向市电力公司备案。按照工作的先后顺序，可行性研究报告审批流程如图 2 -3 所示。

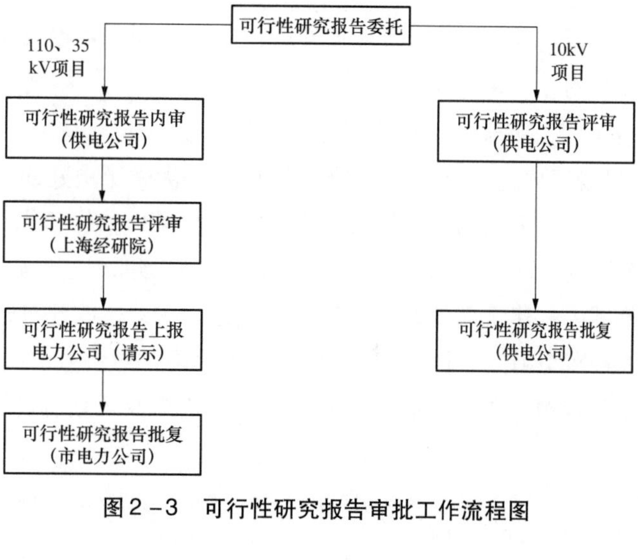

图 2 -3　可行性研究报告审批工作流程图

（2）申报材料。

可行性研究报告审批申报材料（以输变电工程为例）包含但不限于如表 2 -3 所示。

表2-3　　可行性研究报告审批申报材料

序号	材料名称	材料类型	纸质材料份数	材料形式
1	可行性研究设计委托书及附件	原件或复印件	1	纸质
2	电力管线选线定位规划设计报告（征询阶段）	原件	1	纸质
3	地下综合管线探测报告	原件	1	纸质
4	开井报告	原件	1	纸质
5	岩土工程勘测报告（初勘）	原件	1	纸质
6	可行性研究报告、估算书	原件	按需	纸质
7	孔位申请	原件	1	纸质

（3）报告编制。

项目可行性研究报告是对项目建议书的方案进行可行性的论证和研究。项目可行性研究报告由发展策划部委托具有工程咨询资质（电力）的单位进行编制，报告应包含但不限于以下内容（以输变电工程为例）：工程概况、系统部分、变电部分、输电部分、环境保护、水土保持、节能降耗和社会稳定部分、技术经济部分、存在的问题、附图及附件。

2.4　政府部门证照及批文审批

2.4.1　建设项目规划土地意见书审批

2.4.1.1　审批流程

建设项目规划土地意见书❶审批的行政许可权限划分为：根据《上海市建设工程规划管理市、区（县）分工实施意见》。

（1）下列建设工程由市规划行政管理部门负责管理：

1）历史文化风貌区内建设项目和文物保护单位、优秀历史建筑：文物保护单位和优秀历史建筑变动主体承重结构的建筑大修工程；文物保护单位和优秀历史建筑的保护范围和建设控制范围内，建筑面积500m^2以上的新建、扩建、改建等建设项目；中心城历史文化风貌区范围内，建筑面积500m^2以上的新建、扩建、改建等建设项目。

2）黄浦江和苏州河两岸（中心城内区段）、淀山湖风景区内的建设项目：中心城以内（除世博会规划红线范围外）按批准的规划确定的沿岸及规划有建筑物所在的第一街

❶ 建设项目规划土地意见书：上海市人民政府《关于印发〈上海市工程建设项目审批制度改革试点实施方案〉的通知》（沪府规〔2018〕14号）、上海市工程建设项目审批制度改革工作领导小组《关于印发〈上海市政府投资工程建设项目审批制度改革试点实施细则〉的通知》（沪建审改〔2018〕1号）、上海市工程建设项目审批制度改革工作领导小组《关于印发〈上海市企业投资工程建设项目审批制度改革试点实施细则〉的通知》（沪建审改〔2018〕2号）。
对于划拨土地项目，属于同一审批主体的，选址意见书和用地预审合并成一个事项（规划土地意见书）办理。

坊，如沿岸及规划有公共绿地的，则范围扩至公共绿地后的第一街坊。目前尚无批准的控制性详细规划的，按两岸结构规划范围内沿两岸各 200m 范围控制。淀山湖两岸的具体范围以批准的规划范围为准，按照沪青平公路以北、淀山湖、元荡湖周边离湖岸线 500m 范围控制。

3）世博会规划红线范围内建设项目：按照批准的控制性详细规划所划定的红线范围 5.28km^2 和规划控制范围 1.4km^2。

4）全市性、系统性的市政建设工程：对外交通系统建设工程；市域交通系统建设工程；与总体规划相同层次的市政基础设施建设工程。市政建设工程的具体分工范围和管理要求，按市规划行政管理部门制定的专项办法执行。

5）保密工程、军事工程等建设工程：包括国家级、市级党政机关、部门和国家级对外接待场所；重大地下工程和人防工程、部队营地和军事项目；安全保障设施；保密项目等。

6）人民政府制定的其他建设工程。

（2）前款规定范围以外建设工程，由市规划行政管理部门区（县）受理点、市规划行政管理部门派出机构、根据市政府有关文件接受委托的市级管委会及区（县）规划行政管理部门负责管理。按照工作的先后顺序，建设项目规划土地意见书审批流程如图 2－4所示。

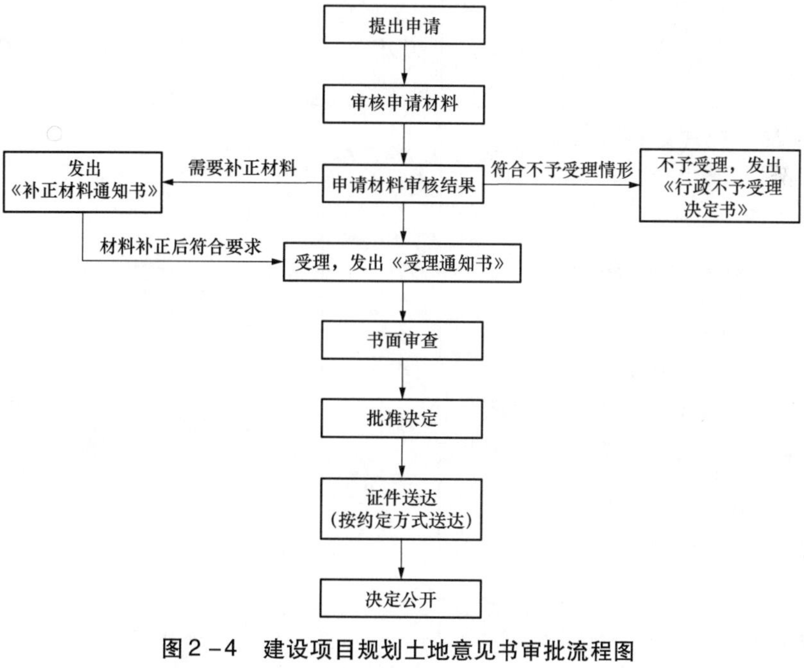

图 2－4　建设项目规划土地意见书审批流程图

2.4.1.2　申报材料

建设项目规划土地意见书审批申报材料如表 2－4 所示。

表 2－4　　建设项目规划土地意见书审批申报材料

序号	材料名称	来源渠道	材料类型	纸质材料份数	材料形式	备注
1	《上海市建设项目规划土地意见书申请表》	申请人自备	原件	—	纸质或电子	规范、准确、完整填写，申请单位盖章
2	建设项目承诺书	申请人自备	原件	1	纸质	整合进《申请表》，形成一份申请材料
3	1/500 或 1/1000（郊区 1/2000）地形图	向测绘院申请提供	原件	3	纸质和电子	纸质 3 份，电子 1 份；（1）每份纸质地形图上应用红色虚线（铅笔）标明选址意向范围；（2）选址意向范围与上传电子地形图一致
4	建设项目建议书批复文件（审批制）或建设项目备案文件（备案制）	市、区发改委	原件及复印件	1	纸质和电子	此材料可通过市大数据中心电子证照库调取的，当事人免予提交
5	控详批复	市、区规资局	原件及复印件	1	纸质和电子	
6	属原址改建需改变土地性质的，须加送土地、房产权属证件	不动产登记部门	原件及复印件	—	纸质和电子	电子证照：此材料可通过市大数据中心电子证照库调取的，当事人免予提交
7	需要使用其他单位土地的，须加送土地使用相关证明（非必要）	申请人自备	原件及复印件	1	纸质	
8	涉及文物保护单位或优秀历史建筑的大修工程、立面改造工程以及历史文化风貌区、文物保护单位或优秀历史建筑保护和建设控制范围内建设工程，需文管、房屋等有关行政管理部门的批准文件，反映建筑及周围环境风貌特色的照片或图片资料（非必要）	房管、文保部门	原件	1	纸质	电子证照：此材料可通过市大数据中心电子证照库调取的，当事人免予提交
9	因建设项目的特殊性需要提交的材料（非必要）	申请人自备	原件	—	纸质和电子	

2.4.1.3　注意事项

（1）审查内容。建设项目拟选位置、拟建设用地面积、拟建设用地性质、拟建设工程性质、规模及其他规划条件。

(2) 建设项目规划土地意见书延期、补证、注销。申请单位在证书有效期内提交建设项目规划土地意见书延期、补证、注销申请报告,《建设项目规划土地意见书》通知及附图,可窗口办理、网上办理。

2.4.1.4　审批结果样本

审批结果样本见图 2-5。

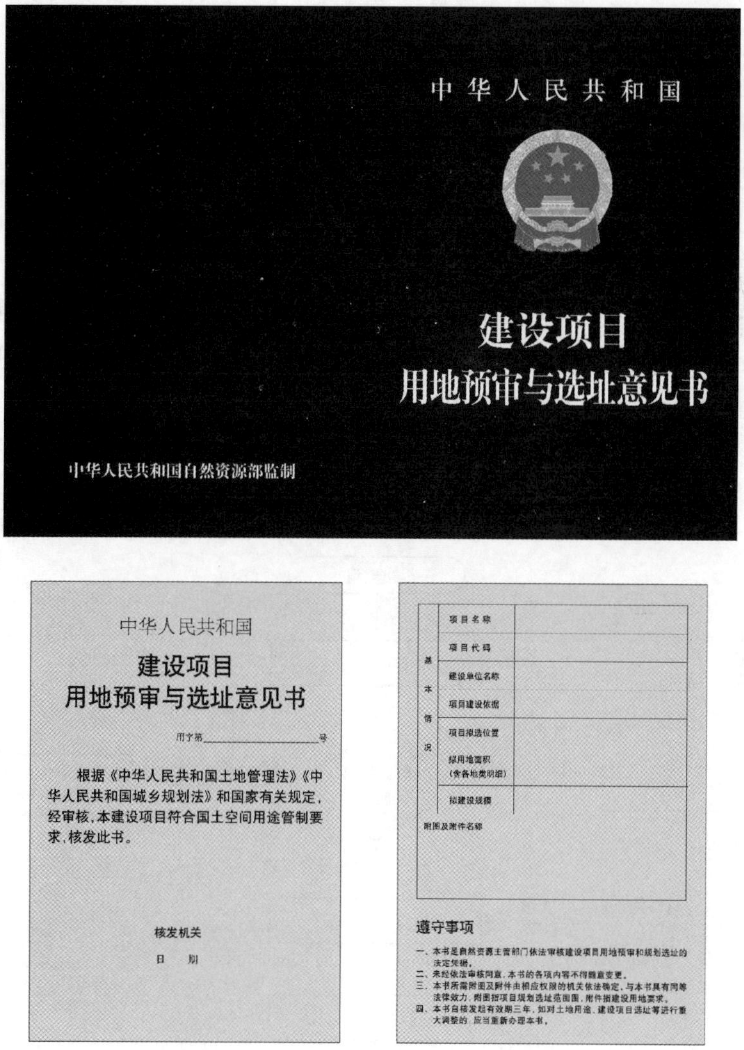

图 2-5　建设项目选址意见书样张

2.4.2　建设项目水土保持方案审批

2.4.2.1　审批流程

建设项目水土保持方案审批的行政许可权限划分为:

（1）市水务局负责以下项目水土保持方案的审批：

1）中央立项的生产建设项目（水利部负责审批的除外）；

2）市级立项，征占地面积在5公顷以上（含5公顷）或者挖填土石方总量在5万m^3以上（含5万m^3）的生产建设项目（浦东新区、跨省界的项目除外）；

3）本市跨区的生产建设项目。

（2）区水务部门负责以下项目水土保持方案的审批：

1）市级立项，征占地面积在0.5公顷以上（含0.5公顷）5公顷以下或者挖填土石方总量在1千m^3以上（含1000m^3）5万m^3以下的生产建设项目；

2）区级立项的生产建设项目。

备注：（1）根据水利部《关于下放部分生产建设项目水土保持方案审批和水土保持设施验收审批权限的通知》（水保〔2016〕310号），原由水利部审批的除国务院审批（核准、备案）项目、跨省（区、市）项目和水利项目外的生产建设项目的审批权限下放至省级水行政主管部门。

（2）根据上海市行政审批制度改革工作领导小组办公室《关于调整公用岸段海塘使用的审批等行政审批的决定》（沪审改办发〔2015〕63号），浦东新区范围内除中央设立的项目外的审批权限下放至浦东新区水行政主管部门。

编制水土保持方案报告表按告知承诺方式流程进行审批，具体审批流程如图2－6所示。

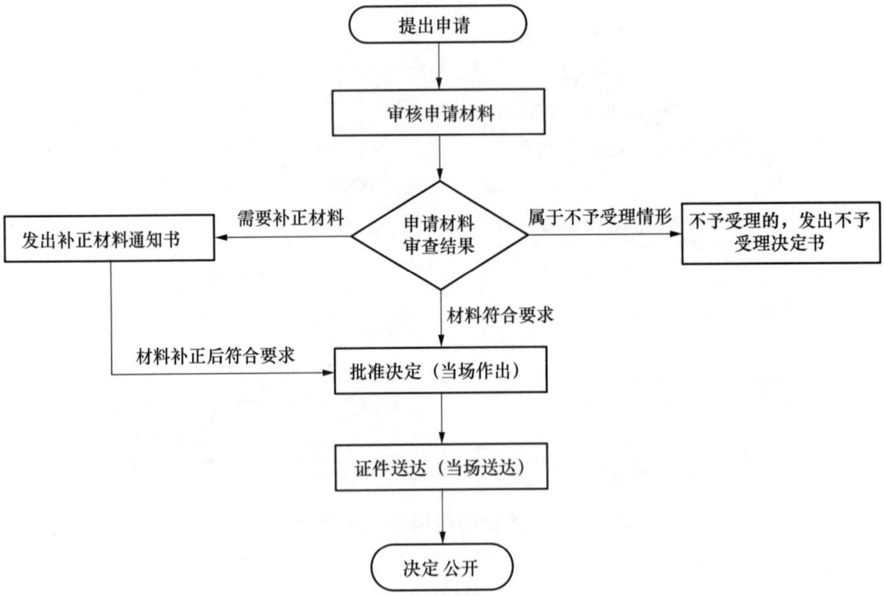

图2－6　建设项目水土保持方案审批流程图（告知承诺方式）

2.4.2.2　申报材料

建设项目水土保持方案审批（告知承诺方式）申报材料如表2－5所示。

表 2-5 建设项目水土保持方案审批申报材料（告知承诺方式）

序号	材料名称	来源渠道	材料类型	纸质材料份数	材料形式	备注
1	生产建设项目水土保持方案审批申请表	申请人自备	原件	1	纸质或电子	填写完整，加盖公章
2	申请人法定身份证明材料［①营业执照或者统一社会信用代码证复印件；②法定代表人（负责人）身份证明文书；③委托书；④代理人身份证复印件］	政府部门核发（市场监管、编办、公安等部门）	原件或复印件	1	纸质或电子	如能通过电子证照调取的，可免于提交
3	水土保持方案报告表	申请人自备	原件	6	纸质或电子	应加盖建设单位公章，征占地面积在5公顷以上（含5公顷）或者挖填土石方总量在5万 m^3 以上（含5万 m^3）的生产建设项目，应当编制水土保持方案报告书，征占地面积在0.5公顷以上（含0.5公顷）5公顷以下或者挖填土石方总量在 $1000m^3$ 以上（含 $1000m^3$）5万 m^3 以下的生产建设项目，应当编制水土保持方案报告表。 （1）报告表后应附项目支撑性文件、地理位置图（水土保持防治责任区纸质及SHP格式电子版）和总平面布置图； （2）用此表表达不清的事项，可用附件表述； （3）申请人可按要求自行编制水土保持方案，也可委托有关机构编制，编制单位不作资质要求； （4）水土保持方案报告表责任页专家意见栏中，专家签署意见应明确是否同意意见

表 2-6 建设项目水土保持方案审批申报材料（依申请变更）

序号	材料名称	来源渠道	材料类型	纸质材料份数	材料形式	备注
1	上海市或区水务局行政许可变更申请表	申请人自备	原件	1	纸质或电子	填写完整，加盖公章

续表

序号	材料名称	来源渠道	材料类型	纸质材料份数	材料形式	备注
2	申请人法定身份证明材料［①营业执照或者统一社会信用代码证复印件；②法定代表人（负责人）身份证明文书；③委托书；④代理人身份证复印件］	政府部门核发（市场监管、编办、公安等部门）	原件或复印件	1	纸质或电子	如能通过电子证照调取的，可免于提交
3	水土保持变更方案或有关证明材料	申请人自备	原件	1	纸质或电子	（1）水土保持方案经批准后，生产建设项目地点、规模发生里大变化，有以下情形之一的，生产建设单位应当补充或者改水土保持方案：①涉及国家级和首级水土流失重点预防区或者重点治理区的；②水土流失防治责任范围增加30%以上的；③开挖填筑两区土石方总量增加30%以上的；④线型工程山区、丘陵区部分横向位移超过300m的长度累计达到该部分线路长度的20%以上的；⑤施工道路或者伴行道路等长度增加20%以上的；⑥桥梁改路堤或者隧道改路堑累计长度20km以上的。 （2）水土保持方实施过程中，水土保持措施发生下列更大变更之一的，生产建设单位应当补充或修改水土保持方：①表土剥离量减少30%以上的；②植物措施总面积减少30%以上的；③水土保持重要单位工程措施体系发生变化，可能导致水士保持功能显著降低或丧失的

2.4.2.3　注意事项

（1）审查方式。采用书面审查、实地核查、专家评审的方式。

（2）编制水土保持方案报告的建设项目水保设施如何验收。依法应当编制水土保持方案的生产建设项目竣工验收前，生产建设单位应当自行或者委托相关专业单位组织水土保持工程的自验工作，并形成自验报告。

2.4.2.4　审批结果样本

审批结果样本见图2－7。

2.4.3　建设项目环境影响评价文件审批

2.4.3.1　审批流程

建设项目环境影响评价文件审批的的行政许可权限划分为：本区项目审批单位为区

生态环境局，跨区项目审批单位为市生态环境局。按照工作的先后顺序，建设项目环境影响评价文件审批流程如图 2 –8 所示。

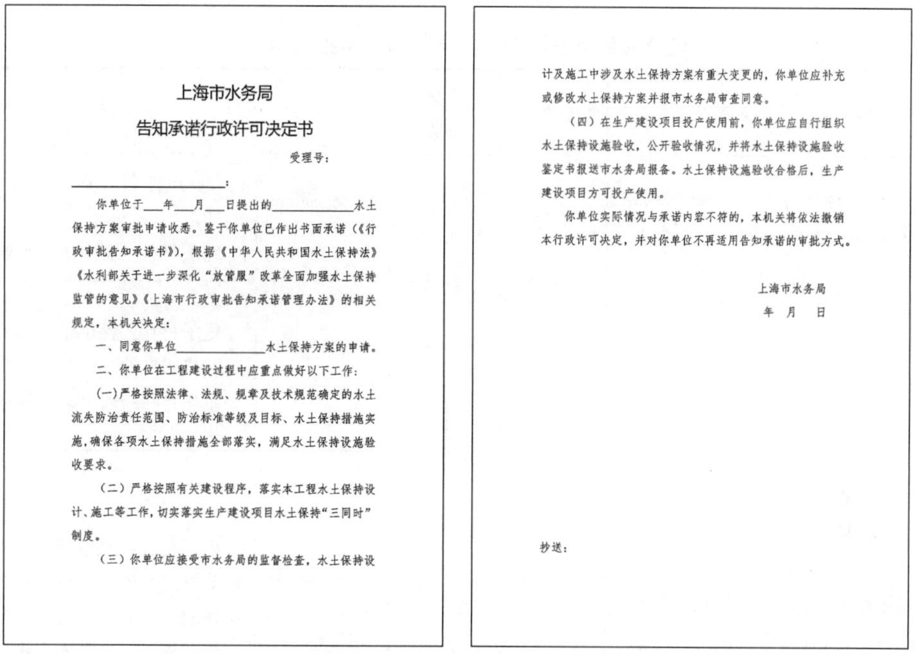

上海市水务局

告知承诺行政许可决定书

受理号：

________________：

你单位于___年___月___日提出的____________水土保持方案审批申请收悉。鉴于你单位已作出书面承诺（《行政审批告知承诺书》），根据《中华人民共和国水土保持法》《水利部关于进一步深化"放管服"改革全面加强水土保持监管的意见》《上海市行政审批告知承诺管理办法》的相关规定，本机关决定：

一、同意你单位____________水土保持方案的申请。

二、你单位在工程建设过程中应重点做好以下工作：

(一)严格按照法律、法规、规章及技术规范确定的水土流失防治责任范围、防治标准等级及目标、水土保持措施实施，确保各项水土保持措施全部落实，满足水土保持设施验收要求。

（二）严格按照有关建设程序，落实本工程水土保持设计、施工等工作，切实落实生产建设项目水土保持"三同时"制度。

（三）你单位应接受市水务局的监督检查，水土保持设计及施工中涉及水土保持方案有重大变更的，你单位应补充或修改水土保持方案并报市水务局审查同意。

（四）在生产建设项目投产使用前，你单位应自行组织水土保持设施验收，公开验收情况，并将水土保持设施验收鉴定书报送市水务局报备。水土保持设施验收合格后，生产建设项目方可投产使用。

你单位实际情况与承诺内容不符的，本机关将依法撤销本行政许可决定，并对你单位不再适用告知承诺的审批方式。

上海市水务局

年 月 日

抄送：

图 2 –7　建设项目水土保持方案审批样张（告知承诺方式）

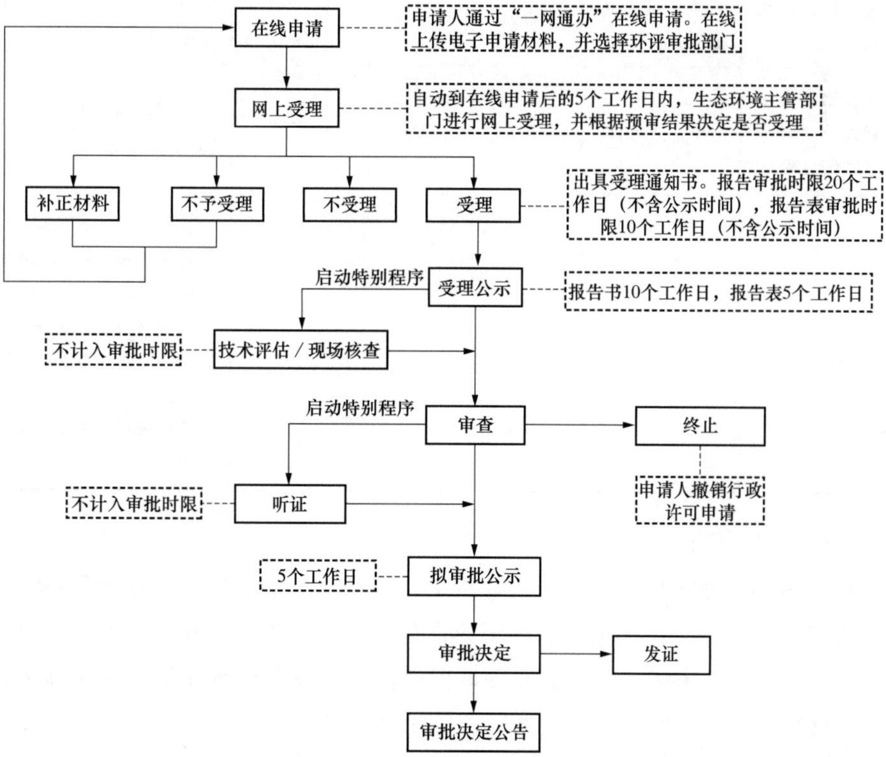

图 2 –8　建设项目环境影响评价文件审批流程图

2.4.3.2 申报材料

建设项目环境影响评价文件审批申报材料如表2－7所示。

表2－7 建设项目环境影响评价文件审批申报材料

序号	材料名称	来源渠道	材料类型	纸质材料份数	材料形式	备注
1	环境影响评价文件审批申请表	一网通办在线填写并提交	原件	1	纸质和电子	电子材料：在线填写并打印。 纸质材料：需申请人签章
2	环境影响评价文件	申请人自备	原件	1	纸质和电子	电子材料：含申请人签章的PDF格式文件。 纸质材料：需申请人签章
3	环境影响评价文件（可公开版本）、主要环境影响和对策措施；删除内容说明报告；主动公开证明材料	申请人自备	原件	1	纸质和电子	电子材料：含申请人签章的PDF格式文件。每份材料单独制作成1份PDF文件。 纸质材料：需申请人签章
4	统一社会信用代码	电子证照库数据共享	复印件	1	电子	电子证照库数据共享电子证照库数据共享
5	建设项目环境影响评价文件审批基础信息表	申请人自备	原件	0	电子	电子材料：固定格式文本的Excel格式文件
6	总量来源说明	由项目所在街镇、产业园区等出具	原件	1	纸质和电子	纳入本市建设项目主要污染物总量控制实施范围的建设项目应提供总量来源说明。 电子材料：含总量来源说明出具单位签章的PDF格式文件。 纸质材料：总量来源说明出具单位签章

2.4.3.3 注意事项

（1）审查内容。建设项目环境影响评价文件（环境影响报告表，见图2－9）。

（2）有效期的延期。延续情形适用于建设项目的环境影响评价文件行政许可超过5年且尚未开工建设的。申请单位提交环评审批申请表、环境影响评价文件重新审核的申请函及相关材料，可窗口办理、网上办理、信函办理，10天内办结。

2.4.3.4 审批结果样本

登记号：××××

××××××（文号）

上海市宝山区环境保护局关于 XXX 项目环境影响报告书（表）的审批意见

××××（建设单位）：

你单位向我局提交的《XXX 环境影响报告书（表）》（以下简称《报告书（表）》）审批申请已受理，现已审理完结。

一、你单位申报情况：

（一）××××

（二）你单位委托 ××× 编制了《报告书（表）》。

二、经审查，我局做出以下决定：

（一）根据《报告书（表）》分析、结论意见以及建设单位环保措施落实承诺，从环保角度原则同意/不同意项目建设。

（二）工程在设计、施工、运行中应按《报告书（表）》提出的要求，落实环保设施和污染防治措施，保护环境。具体有：

1.××××。

2.××××。

3.××××。

……

（三）在建设中，如果项目的内容、性质、规模、地点、采用的生产工艺或防治污染、防止生态破坏的措施发生重大变动的，应重新报批建设项目环评文件。

（四）项目建设应严格执行配套建设的环保设施与主体工程同时设计、同时施工、同时投产使用的环保"三同时"制度。项目建成后，建设单位应当按照规定对配套建设的环境保护设施进行验收，编制验收报告，并向社会公开。

（五）如项目审批或核准机关调整并导致环评审批权限发生变化时，你单位应另行向有审批权限的环保部门申请环评审批。

三、请××××负责项目施工期间的环境保护检查工作。

四、申请人如不服本受理决定，可以自收到本审批意见之日起六十日内到上海市人民政府或者环保部申请行政复议，也可以自收到本审理决定之日起六个月内直接向人民法院提起行政诉讼。

五、如项目建设和运行依法需要其他行政许可的，申请人应按规定办理其他审批手续后方能开工建设或运行。

上海市环境保护局

××××年××月××日

抄送：市环境监察总队、××××

图 2-9 项目环境影响评价报告书（表）的审批意见样张

2.4.4 企业投资项目核准（电网项目）审批

2.4.4.1 审批流程

企业投资项目核准（电网项目）审批的的行政许可权限划分为：涉及跨境、跨省（区、市）输电的 ±500kV 及以上直流项目，涉及跨境、跨省（区、市）输电的 500、750、1000kV 交流项目，由国务院投资主管部门核准，其中 ±800kV 及以上直流项目和 1000kV 交流项目报国务院备案；其余项目中，110kV 及以上项目由市发展改革委按照国家制定的相关规划核准，35kV 及以下项目由区级项目核准机关按照国家制定的相关规划核准；浦东新区范围内 110kV 项目由浦东新区项目核准机关按照国家制定的相关规划核准。

按照工作的先后顺序，企业投资项目核准（电网项目）审批流程如图 2-10 所示。

2.4.4.2 申报材料

企业投资项目核准（电网项目）申报材料如表 2-8 所示。

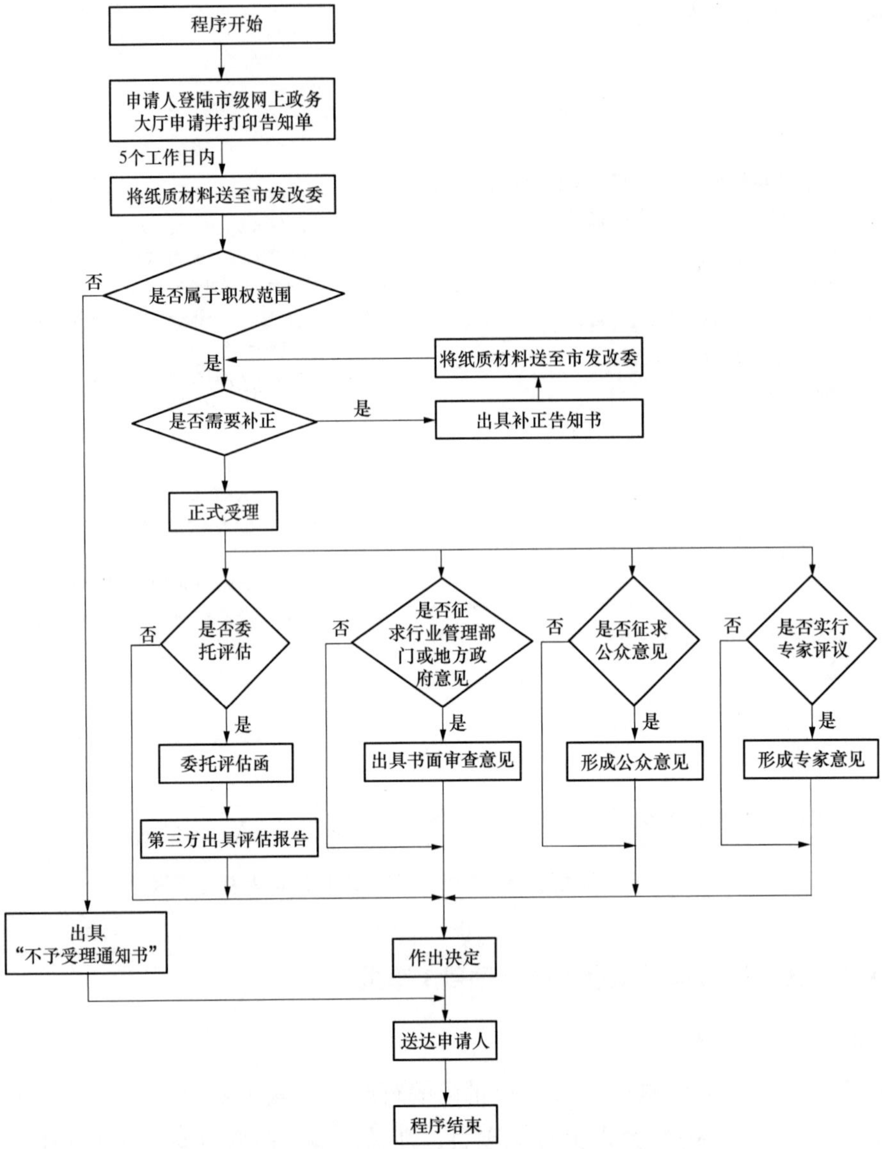

图 2－10　企业投资项目核准（电网项目）流程图

表 2－8　企业投资项目核准（电网项目）审批申报材料

序号	材料名称	来源渠道	材料类型	纸质材料份数	材料形式	备注
1	项目法人申请核准的函件	申请人自备	原件	1	纸质	函件应套文头、取文号并加盖申报单位公章
2	项目申请报告	申请人自备	原件	1	纸质	核准申请报告应满足内容深度要求并加盖申报单位公章

续表

序号	材料名称	来源渠道	材料类型	纸质材料份数	材料形式	备注
3	项目单位注册登记证明文件	市场监管部门	复印件	1	纸质或电子	（1）项目单位注册登记证明文件包括：营业执照、法人证书； （2）该材料已实现电子证照调取，申请人无需提交纸质材料。申请人优先选取电子证照上传，无法获取电子证照时，则提交纸质报件
4	规划土地意见书	规划资源部门	复印件	1	纸质或电子	（1）规划土地意见书包括选址意见书（以划拨方式提供国有土地使用权，且为新征地或扩大用地的项目需要提交）、规划设计要求（利用原址新建、改建且不改变原土地使用性质的项目需要提交）和用地预审（以划拨方式提供国有土地使用权且为新征地或扩大用地的项目需要提交，规划资源部门明确可以不进行用地预审的情形除外）。没有规划土地意见书的，根据具体情况，选择提交选址意见书、规划设计要求或用地预审。 （2）该材料已实现电子证照调取，申请人无需提交纸质材料。申请人优先选取电子证照上传，无法获取电子证照时，则提交纸质报件
5	用海预审	海洋部门	复印件	1	纸质	涉及用海的项目需要提交
6	房地产权证	规划资源部门	复印件	1	纸质或电子	（1）利用原址新建、改建且不改变原土地使用性质的项目需要提交； （2）已提交用地/用海预审的无需提交； （3）该材料已实现电子证照调取，申请人无需提交纸质材料。申请人优先选取电子证照上传，无法获取电子证照时，则提交纸质报件
7	土地出让合同	项目单位与土地交易中心签订	复印件	1	纸质或电子	（1）提交最新版本的合同； （2）该材料已实现电子证照调取，申请人无需提交纸质材料。申请人优先选取电子证照上传，无法获取电子证照时，则提交纸质报件

续表

序号	材料名称	来源渠道	材料类型	纸质材料份数	材料形式	备注
8	建设用地批准书	规划资源部门	复印件	1	纸质或电子	（1）利用原址新建、改建且不改变原土地使用性质的项目，无房地产权证时需要提交；（2）已提交用地/用海预审的无需提交；（3）该材料已实现电子证照调取，申请人无需提交纸质材料。申请人优先选取电子证照上传，无法获取电子证照时，则提交纸质报件
9	土地租赁批文	规划资源部门	复印件	1	纸质或电子	（1）利用原址新建、改建且不改变原土地使用性质的项目，无房地产权证时需要提交；（2）已提交用地/用海预审的无需提交；（3）该材料已实现电子证照调取，申请人无需提交纸质材料。申请人优先选取电子证照上传，无法获取电子证照时，则提交纸质报件

2.4.4.3　注意事项

（1）审查内容。核准电网项目建设。

（2）关于延期。项目自核准机关出具项目核准文件或同意项目变更决定 2 年内未开工建设，需要延期开工建设的，项目单位应当在 2 年期限届满的 30 个工作日前，向项目核准机关申请延期开工建设。

项目核准机关应当自受理申请之日起 20 个工作日内，作出是否同意延期开工建设的决定，并出具相应文件。开工建设只能延期一次，期限最长不得超过 1 年。国家对项目延期开工建设另有规定的，从其规定。

在 2 年期限内未开工建设也未按照规定向项目核准机关申请延期的，项目核准文件或同意项目变更决定自动失效。

2.4.4.4　审批结果样本

企业投资项目核准（电网项目）批复样张见图 2 – 11。

上海市发展和改革委员会文件

沪发改 X〔201X〕X号

上海市发展改革委关于XX项目核准的批复

XX:

XX《关于申请XX项目核准的函》(XX)及有关材料收悉。经研究，现就该项目核准事项批复如下:

一、为了XX(阐述目的、意义)，依据《行政许可法》、《企业投资项目核准和备案条例》，同意建设XX项目(标注项目代码)。

项目单位为XX。

二、项目建设地点(起止路线等)为XX。

三、项目的主要建设内容，建设规模，主要设备选型和技术标准(根据项目具体情况而定)。

四、项目总投资为XX。

五、项目予以核准决定或同意变更决定之日起2年未开工建设，需要延期开工建设的，请XX(项目单位)在2年期届满前的30个工作日前，向我委申请延期开工建设。开工建设只能延期一次，期限最长不得超过1年。国家对项目延期开工建设另有规定的，依照其规定。

- 1 -

特此批复。

上海市发展和改革委员会

201X年X月X日

抄送：XX

上海市发展和改革委员会办公室 201X年X月X日印发

项目代码：XX

图2-11 企业投资项目核准(电网项目)批复样张

3 工程前期工作

3.1 各类工程前期工作证照及批文办理

项目核准之后，工程即进入工程前期工作阶段。根据《中华人民共和国土地管理法》《中华人民共和国城乡规划法》《中华人民共和国环境噪声污染防治法》《中华人民共和国建筑法》《建筑工程施工许可管理办法》《城市道路管理条例》等进行办理，不同城市有不同的要求，如上海市还应根据《上海市建筑市场管理条例》《上海市城乡规划条例》《上海市环境保护条例》《上海市城市道路管理条例》《上海市建筑工程施工许可管理实施细则》《上海市建设工程文明施工管理规定》等法律法规要求。上海境内涉及土建的配电网工程建设施工需要办理主要证照及批文详见表3－1。

表3－1　　各类工程前期工作主要证照及批文办理表

序号	工程名称	电力公司批文名称	政府证照及批文名称
1	110、35kV输变电工程	初步设计批复	(1) 建设用地规划许可证； (2) 建设用地批准书； (3) 建设工程规划许可证； (4) 建设工程项目施工许可； (5) 国有土地划拨审批（供地批文）； (6) 国有土地划拨决定书； (7) 建设工程设计方案审批； (8) 施工图设计文件审查合格书； (9) 绿化市容行政许可文书； (10) 卫生规划方案征询意见单； (11) 建筑工程交通设计审核通知书等

续表

序号	工程名称	电力公司批文名称	政府证照及批文名称
2	220kV 输变电配套送出工程	初步设计批复	（1）建设工程规划许可证（市政管线）； （2）建设工程项目施工许可
3	110、35kV 线路新建工程		
4	110、35kV 变电站配套送出工程		
5	10kV 线路新建工程		
6	110、35、10kV 电源送出工程		
7	35、10kV 分布式电源接入工程		
8	架空线入地工程		
9	排管工程		

3.2 工程前期证照及批文办理流程

按照工作的先后顺序，工程前期工作的流程（以输变电工程为例）如图 3－1 所示。

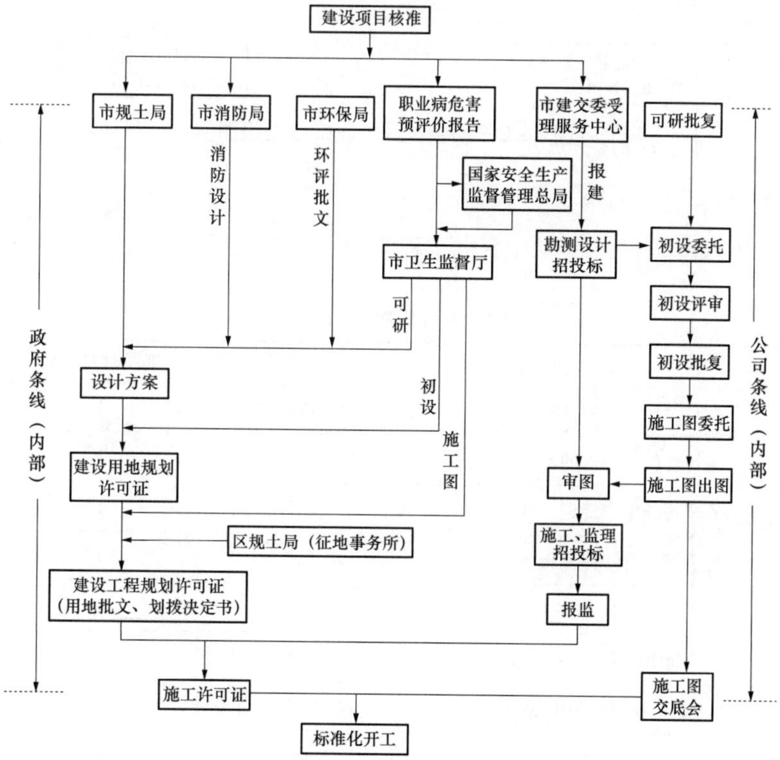

图 3－1　工程前期工作流程图（以输变电工程为例）

3.3 电力公司批文审批

（1）初步设计批文审批流程。

初步设计的批复单位是市电力公司及供电公司，根据权限划分为：110、35kV 项目原则上由上海经研院评审，市电力公司批复；10kV 项目原则上由供电公司组织评审，供电公司批复并向市电力公司备案。按照工作的先后顺序，项目建议书审批流程如图3－2所示。

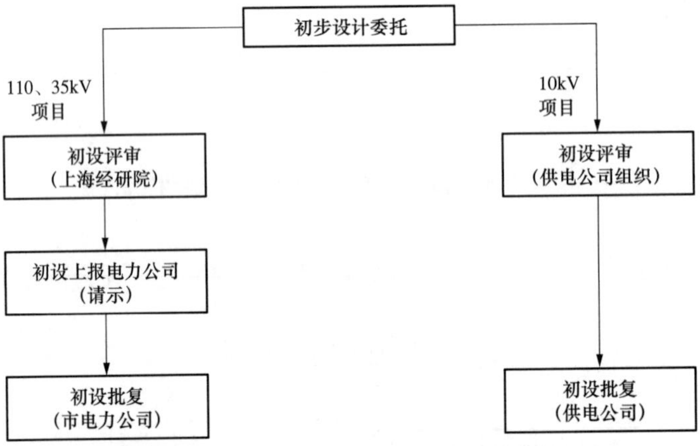

图3－2　初步设计批复工作流程图

（2）申报材料。

初步设计审批申报材料（以输变电工程为例）包括但不限于表3－2所示内容。

表3－2　初步设计审批申报材料

序号	材料名称	材料类型	纸质材料份数	材料形式
1	初步设计委托书及附件	原件或复印件	1	纸质
2	可行性研究报告的批复	原件或复印件	1	纸质
3	电力管线选线定位规划设计报告	原件	1	纸质
4	地下综合管线探测报告	原件	1	纸质
5	开井报告	原件	1	纸质
6	岩土工程勘测报告（详勘）	原件	1	纸质
7	电力通道孔位使用申请表	原件或复印件	1	纸质
8	初设报告、概算书	原件	按需	纸质

3.4 政府部门证照和批文审批

3.4.1 建设用地规划许可证及支撑性批文审批

建设用地规划许可证支撑性批文为建设工程设计方案决定书，各并联审批部门审核意见。

1. 建设用地规划许可证审批

（1）审批流程。

建设用地规划许可证的行政许可单位是上海市、区规划和自然资源局，下列建设工程由市规划行政管理部门负责管理：

1）历史文化风貌区内建设项目和文物保护单位、优秀历史建筑；

2）黄浦江和苏州河两岸（中心城内区段）、淀山湖风景区内的建设项目；

3）世博会规划红线范围内建设项目；

4）全市性、系统性的市政建设工程；

5）保密工程、军事工程等建设工程；

6）人民政府制定的其他建设工程。

前款规定范围以外建设工程，由市规划行政管理部门区（县）受理点、市规划行政管理部门派出机构、根据市政府有关文件接受委托的市级管委会及区（县）规划行政管理部门负责管理。按照工作的先后顺序，建设用地规划许可证审批流程如图 3－3 所示。

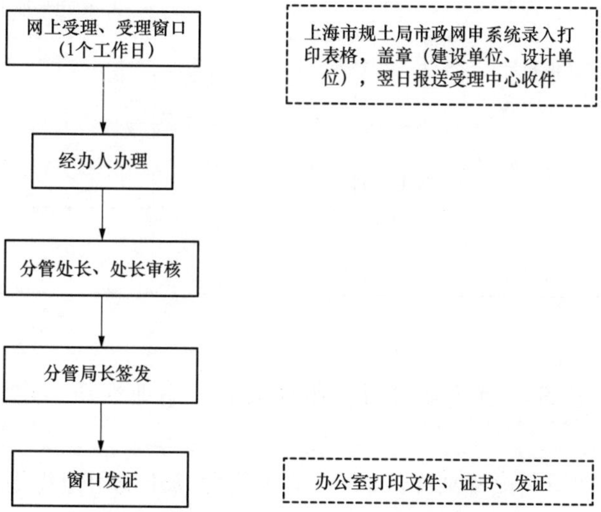

图 3－3 建设用地规划许可证审批流程图

（2）申报材料。

建设用地规划许可证审批申报材料如表 3－3 所示。

表3－3　　建设用地规划许可证审批申报材料

序号	提交资料名称	原件/复印件	份数	纸质/电子	备注
1	《上海市建设用地规划许可证申请表》	原件	1	纸质	申报主体盖章
2	建设项目承诺书	原件	1	纸质	申报主体盖章
3	1/500或1/1000（郊区1/2000）地形图	原件	3	电子和纸质	纸质地形图上应用红色实线（铅笔）标明用地位置地界，并范围应与上传电子地形图一致（出让地块免于报送）
4	可行性研究报告批准文件（审批制）或建设项目核准文件（核准制）	原件及复印件	1	纸质	
5	《建设项目规则土地意见书》的通知及附图或《国有土地使用权出让（转让）合同》文本及附图	原件及复印件	1	纸质	
6	《建设工程设计方案》决定书及附图	复印件	1	纸质	方案已批复的
7	土地使用权属的有关文件	原件及复印件	1	纸质	建设项目因施工需要临时使用基地以外土地的，建设单位（个人）在申请建设用地时应一并提出申请。其中： 1. 使用本单位（个人）土地的。 2. 使用本单位（个人）以外土地的。 3. 使用带征土地的
8	相关的土地权属文件和与土地权属签订的临时使用土地协议	原件及复印件	1	纸质	
9	土地管理部门的批准文件	原件及复印件	1	纸质	
10	因建设项目的特殊性需要提交的其他相关材料				

（3）注意事项：

1）审批内容。建设项目用地位置、用地面积、用地性质、建设规模及其他规划条件。

2）批准的。《建设用地规划许可证》、关于核发《建设用地规划许可证》的决定和附图，证件样本附后。

3）不批准的。不予行政许可决定书。（包括建设项目名称、申请许可日期、不批准的理由）。

4）补证。申请单位遗失《建设用地规划许可证》，该证书尚有效的，可以申请补发证件。

（4）审批结果样本见图 3 –4。

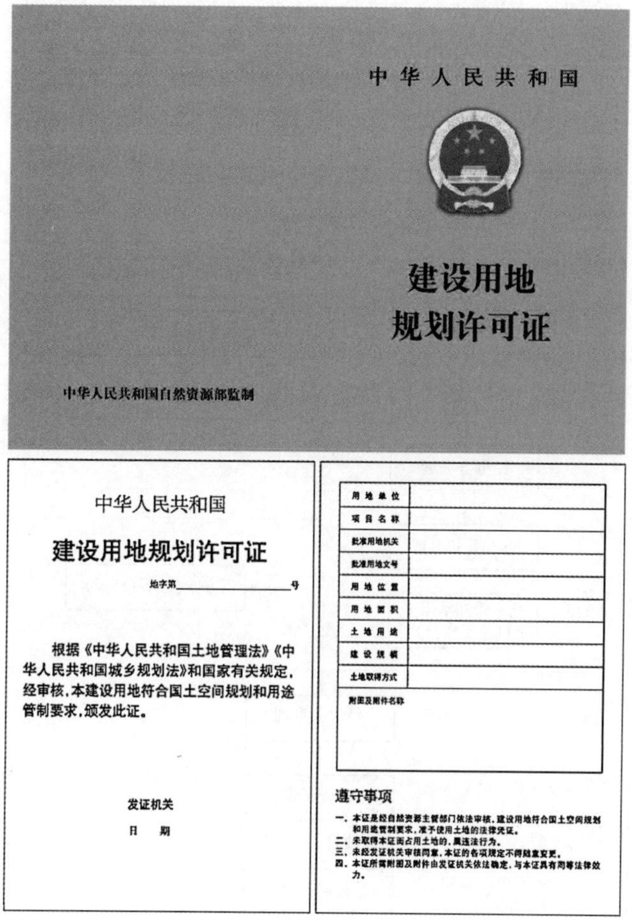

图 3 –4　建设用地规划许可证样张

2. 建设工程设计方案决定书审批

（1）审批流程。

《建设工程设计方案》决定书的行政许可权限划分依据是《上海市建设工程规划管理市、区（县）分工实施意见》。

下列建设工程由市规划行政管理部门负责管理：

1）历史文化风貌区内建设项目和文物保护单位、优秀历史建筑。

2）黄浦江和苏州河两岸（中心城内区段）、淀山湖风景区内的建设项目。

3）世博会规划红线范围内建设项目。

4）全市性、系统性的市政建设工程。

5）保密工程、军事工程等建设工程。

6）人民政府制定的其他建设工程。

前款规定范围以外建设工程，由市规划行政管理部门区（县）受理点、市规划行政管理部门派出机构、根据市政府有关文件接受委托的市级管委会及区（县）规划行政管理部门负责管理。按照工作的先后顺序，《建设工程设计方案》决定书审批流程如图3－5所示。

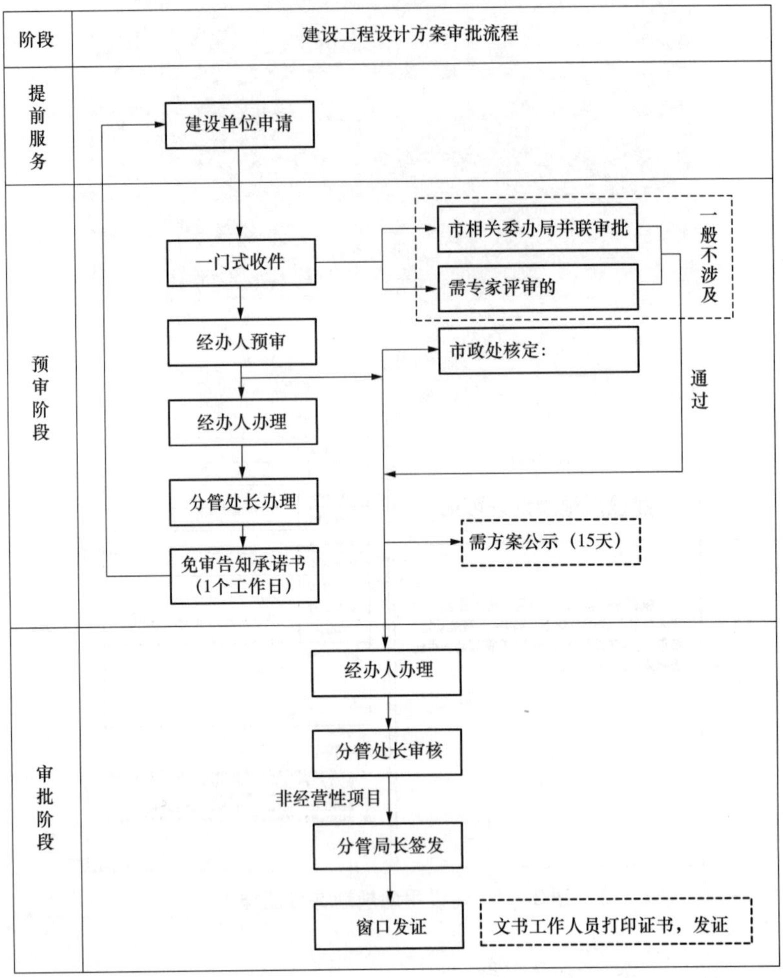

图3－5　《建设工程设计方案》决定书审批流程图

（2）申报材料。

《建设工程设计方案》决定书审批申报材料如表3－4所示。

表3－4　《建设工程设计方案》决定书审批申报材料

序号	提交资料名称	原件/复印	份数	纸质/电子	备注
1	上海市建设工程设计方案（新办）申请	原件	1	纸质	申请单位、政府（开发区）盖章
2	建设项目承诺书	原件	1	纸质	申报主体、设计单位、日照分析编制单位盖章

续表

序号	提交资料名称	原件/复印	份数	纸质/电子	备注
3	1/500或1/1000建筑设计方案总平面图以及1/500或1/1000（郊区1/2000）地形图	原件	图纸二份、电子盘片一份	电子和纸质	总平面图上应标明以下内容：建设基地用地界限；周边地形；各项规划控制线；拟建建筑位置（包括地下和地上建筑）、建筑物角点轴线标号；基地内外的建筑距离、建筑退界距离、后退控制线距离、建筑物层数、绿化、车位、道路交通等；图纸应符合国家和本市方案出图标准，并加盖设计单位和设计方案出图章和设计负责人、注册建筑师印章；总平面图需在有市测绘院提供的电子地形图上划示，标注单位为米，坐标系为上海城市坐标系
4	建筑设计方案图（含平面、立面、剖面）及设计说明文本	原件	3	电子和纸质	图纸应符合国家和本市设计方案出图、文本制作标准，并加盖建筑设计方案出图章和设计负责人、注册建筑师印章
5	分层面积表	原件	2	纸质	
6	除总平面图外，须加送横断面、纵断面图	原件	2	纸质	属市政交通、市政管线工程的
7	有相应资质部门编制的日照分析报告	原件	各1	电子和纸质	属高层建筑项目，周边有住宅与文教卫生建筑的
8	可行性研究报告批准文件（审批制）或建设项目核准文件（核准制）或建设项目备案文件	原件及复印件	1	纸质	
9	地块规划设计要求、土地勘测定界报告书及附图	复印件	1	纸质	
10	各并联审批部门审核意见（环保、民防、绿化等）	复印件	1	纸质	
11	《建设项目规划土地意见书决定书》或《建设工程规划设计要求决定书》或《国有土地使用权有偿出让合同》等文件中，要求申报主体送审的其他相关文件、图纸	原件	1	纸质	
12	《地质灾害危险性评估报告备案登记表》或《建设项目地质灾害防治承诺书》	原件	1	纸质	
13	因建设项目的特殊性需要提交的其他相关材料				

（3）注意事项。

1）审批内容：建设项目位置、建设用地面积、建设用地性质、建设工程性质、规模、容积率、建筑密度、绿化率、建筑高度、建筑间距、退界及其他规划条件。

2）不批准的：

a. 建设项目不符合规划条件的；

b. 建设项目不符合批准的控制性详细规划或者村庄规划；

c. 建设项目不符合规划管理技术规范和标准的要求的；

d. 建设项目不符合《建设项目选址意见书》或《建设工程规划设计要求决定书》或《国有土地使用权出让（转让）合同》的内容；

e. 各并联审批部门对建筑设计方案总平面布局不能达成一致意见的。

3）有效期的延期：申请单位可以在《建设工程设计方案》届满前30日内申请延续。

申请单位在有效期内已经取得《建设工程规划许可证》的，《建设工程设计方案》无需延期，自动有效。

4）补证：申请单位遗失《建设工程设计方案》，该证书尚有效的，可以申请补发证件。

（4）审批结果样本见图3－6。

****

沪规土资许方〔年份〕×号

关于审定 ____________________（项目名称）

建设工程设计方案的决定

（申请单位）：

你单位填报的（受理号）《上海市建设工程设计方案（新办）申请表》（第X次送审）及所附的有关文件、图纸、资料收悉。该建设工程设计方案经审核，发给（编号：******）建设工程设计方案决定：

一、建设单位名称：XXXXX

二、建设项目名称：XXXXX

三、建设项目位置：XXXXXX。

四、规划用地性质：XXXXXX。

五、可建用地面积：XX平方米。

六、总建筑面积：XX平方米，其中地上建筑面积XX平方米，地下建筑面积XX平方米。

七、计容建筑面积：XX 平方米。

八、建筑容积率：XX。

九、绿地率：绿地面积占建设用地面积的比例不得小于XX%。

十、建筑高度控制要求：XX。

十一、其他规划管理要求：

1. 方案涉及环保、消防、卫生、绿化、交警、民防、轨道、交港、民航空管局等方面管理要求，应按征询部门意见予以落实。

2. 涉及地下经营性面积增加的，请按相关规定办妥调整出让合同的相关手续。

3. 因本建设项目采用玻璃幕墙，如因玻璃幕墙结构安全性评审或光反射环境评审不通过，根据建设行政管理、环保等相关管理部门意见，需要变更立面设计的，应征询规划行政管理部门意见。

4. ……

本设计方案决定有效期为一年，如逾期未向我局申请《建设工程规划许可证》，又未申请延期的，本设计方案决定即行失效。需延续本设计方案决定的，应当在有效期届满三十日前向本机关提出申请。

上海市规划和国土资源管理局

年　月　日

抄送：

上海市规划和国土资源管理局　　****年**月**日印发

图3－6　《建设工程设计方案》决定书样张

3. 各并联审批部门审核意见（环境保护、民防、绿化等）

工程建设项目设计绿化、卫生和交通方面建设或影响的应向相关管理部门征询并取得审核意见。其中绿化方面由区绿化和市容管理局出具绿化市容行政许可文书（见图3－7）；卫生由区卫健委出具规划方案征询意见单（见图3－8）；交通由上海市公安局交警总队出具建筑工程交通设计审核通知书（见图3－9）。

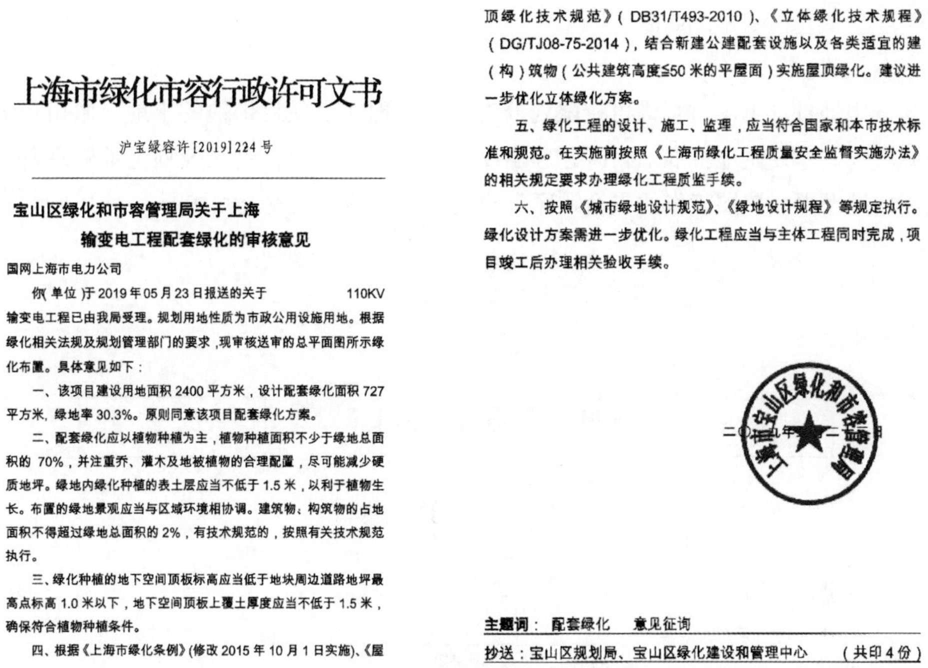

上海市绿化市容行政许可文书

沪宝绿容许[2019]224号

宝山区绿化和市容管理局关于上海
输变电工程配套绿化的审核意见

国网上海市电力公司

你(单位)于2019年05月23日报送的关于 110KV 输变电工程已由我局受理。规划用地性质为市政公用设施用地。根据绿化相关法规及规划管理部门的要求，现审核送审的总平面图所示绿化布置。具体意见如下：

一、该项目建设用地面积2400平方米，设计配套绿化面积727平方米，绿地率30.3%。原则同意该项目配套绿化方案。

二、配套绿化应以植物种植为主，植物种植面积不少于绿地总面积的70%，并注重乔、灌木及地被植物的合理配置，尽可能减少硬质地坪。绿地内绿化种植的表土层应当不低于1.5米，以利于植物生长。布置的绿地景观应当与区域环境相协调。建筑物、构筑物的占地面积不得超过绿地总面积的2%，有技术规范的，按照有关技术规范执行。

三、绿化种植的地下空间顶板标高应当低于地块周边道路地坪最高点标高1.0米以下，地下空间顶板上覆土厚度应当不低于1.5米，确保符合植物种植条件。

四、根据《上海市绿化条例》(修改2015年10月1日实施)、《屋顶绿化技术规范》(DB31/T493-2010)、《立体绿化技术规程》(DG/TJ08-75-2014)，结合新建公建配套设施以及各类适宜的建(构)筑物(公共建筑高度≤50米的平屋面)实施屋顶绿化。建议进一步优化立体绿化方案。

五、绿化工程的设计、施工、监理，应当符合国家和本市技术标准和规范。在实施前按照《上海市绿化工程质量安全监督实施办法》的相关规定要求办理绿化工程质监手续。

六、按照《城市绿地设计规范》、《绿地设计规程》等规定执行。绿化设计方案需进一步优化。绿化工程应当与主体工程同时完成，项目竣工后办理相关验收手续。

二〇一九年 二 日

主题词：配套绿化 意见征询

抄送：宝山区规划局、宝山区绿化建设和管理中心 (共印4份)

图3－7 绿化市容行政许可文书样张

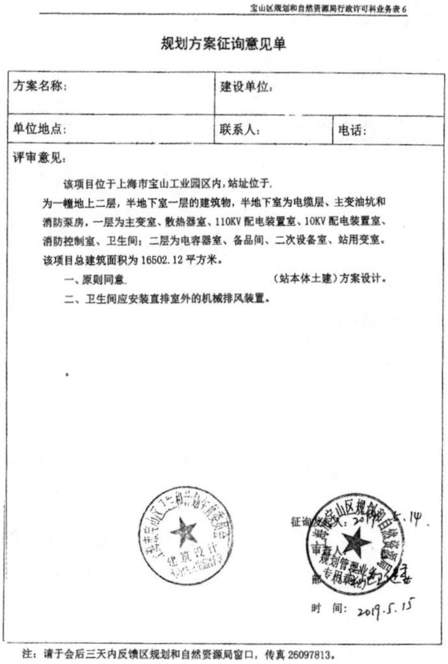

宝山区规划和自然资源局行政许可科业务表6

规划方案征询意见单

方案名称:	建设单位:	
单位地点:	联系人:	电话:

评审意见:

该项目位于上海市宝山工业园区内，站址位于，为一幢地上二层，半地下室一层的建筑物，半地下室为电缆层、主变油坑和消防泵房，一层为主变室、散热器室、110KV配电装置室、10KV配电装置室、消防控制室、卫生间；二层为电容器室、备品间、二次设备室、站用变室。该项目总建筑面积为16502.12平方米。

一、原则同意 (站本体土建)方案设计。

二、卫生间应安装直排室外的机械排风装置。

征询发起人：2019.5.14

审查人：

部门：

时 间：2019.5.15

注：请于会后三天内反馈区规划和自然资源局窗口，传真26097813。

图3－8 卫生规划方案征询意见样张

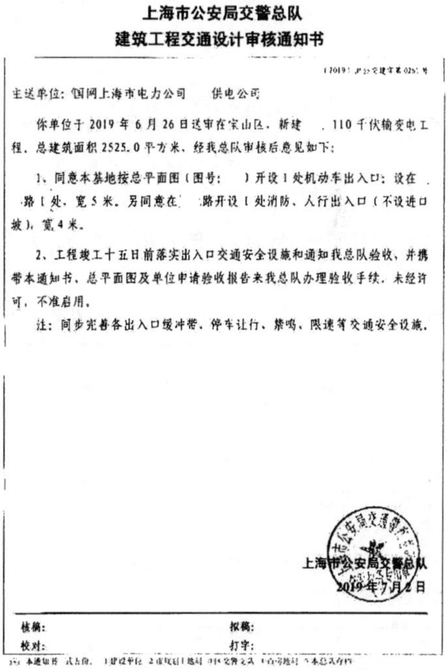

上海市公安局交警总队
建筑工程交通设计审核通知书

(2019)沪公交建审第025号

主送单位：国网上海市电力公司 供电公司

你单位于2019年6月26日送审在宝山区，新建 110千伏输变电工程，总建筑面积2525.0平方米，经我总队审核后意见如下：

1、同意本基地按总平面图(图号：)开设1处机动车出入口：设在 路1处，宽5米。另同意在 路开设1处消防、人行出入口(不设进口坡)，宽4米。

2、工程竣工十五日前落实出入口交通安全设施和通知我总队验收，并携带本通知书、总平面图及单位申请验收报告来我总队办理验收手续，未经许可，不准启用。

注：同步完善各出入口缓冲带、停车让行、禁鸣、限速等交通安全设施。

上海市公安局交警总队
2019年7月2日

核稿： 拟稿：
校对： 打字：

图3－9 建筑工程交通设计审核通知书样张

3.4.2 建设用地批准书审批及支撑性批文审批

建设用地批准书审批的支撑性批文为国有土地划拨审批（供地批文）、国有土地划拨决定书。

3.3.2.1 建设用地批准书审批

(1) 审批流程。

建设用地批准书的行政许可权限划分为：市办理建设项目供地的土地，由市规划和国土资源局核发建设用地批准书；区办理建设项目供地的土地，由区规划土地管理部门核发建设用地批准书。按照工作的先后顺序，建设用地批准书核发流程如图 3－10 所示。

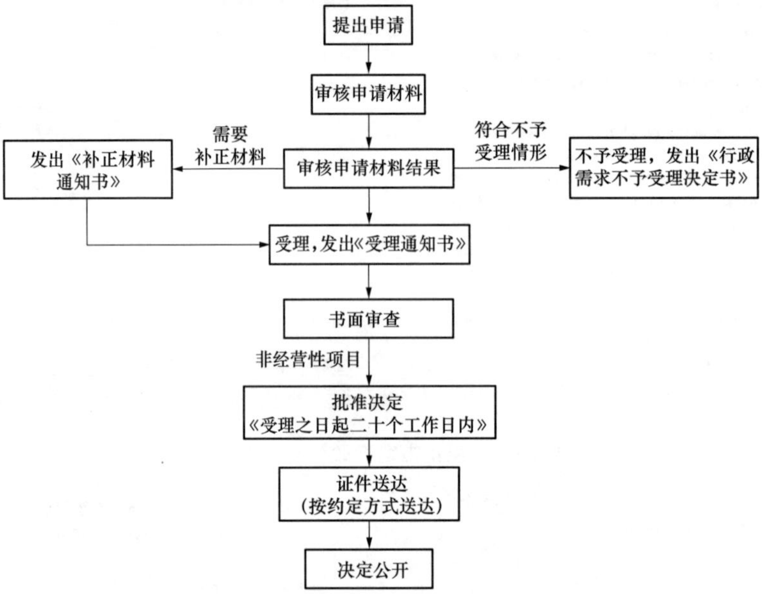

图 3－10 建设用地批准书核发流程图

(2) 申报材料。

建设用地批准书核发申报材料如表 3－5 所示。

表 3－5 建设用地批准书核发申报材料

序号	材料名称	来源渠道	材料类型	纸质材料份数	材料形式	备注
1	上海市建设用地行政事务审批申请表	网上下载	原件	1	纸质或电子	规范、准确、完整填写，申请单位盖章
2	人民政府核发的项目用地批文	规划资源部门提供	复印件	1	纸质或电子	此材料可通过规划局内部系统进行调取，免予提交
3	出让项目须提供出让合同和相应的价款缴款凭证、划拨项目须提供划拨决定书和相应的完成补偿凭证	规划资源部门、财政部门及税务管理部门提供	复印件	1	纸质或电子	此材料可通过网络核验或针对相应字段进行网络核验，当事人免予提交

续表

序号	材料名称	来源渠道	材料类型	纸质材料份数	材料形式	备注
4	涉及征收集体土地的，须提交征地结案表、社保部门的《被征地人员办理就业和社会保障核定书》。涉及房屋补偿的，还需提交征地房屋补偿结案表	社保部门、规划资源部门、房屋管理部门提供	复印件	1	纸质或电子	此材料可通过网络核验或针对相应字段进行网络核验，当事人免予提交
5	涉及占用耕地的，须提交耕地占用税完税凭证	税务管理部门提供	复印件	1	纸质或电子	此材料可通过网络核验或针对相应字段进行网络核验，当事人免予提交
6	涉及收回国有土地的，须提交收地公告或房屋征收决定的公告和完成房地产补偿的相关证明	规划资源部门及房屋管理部门提供	复印件	1	纸质或电子	此材料可通过网络核验或针对相应字段进行网络核验，当事人免予提交
7	地籍图	具有资质的测绘部门提供	原件	1	纸质或电子	

（3）注意事项：

1）审批内容：对已实施供地的建设项目，条件具备的，颁发、调整、换发建设用地批准书。

2）关于变更：申请人取得行政审批后，需要对行政审批的内容进行变更的，应当向审批部门提出变更申请，经审批部门同意后方可作出变更。

（4）审批结果样本见图 3 - 11。

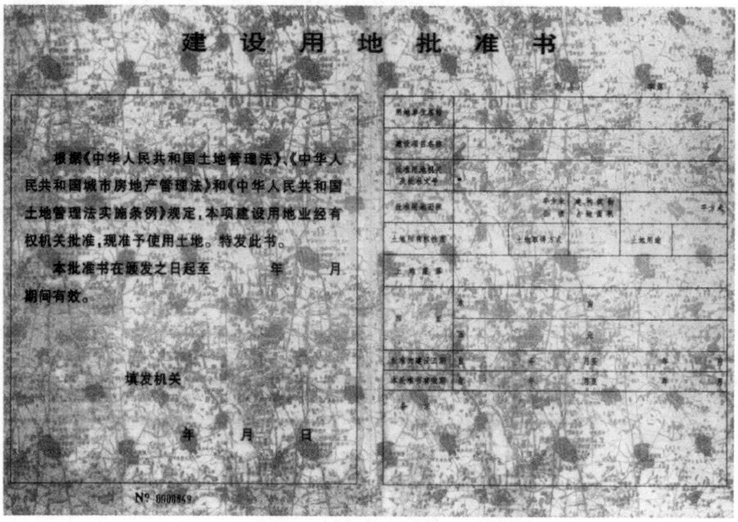
建设用地批准书

根据《中华人民共和国土地管理法》、《中华人民共和国城市房地产管理法》和《中华人民共和国土地管理法实施条例》规定，本项建设用地业经有权机关批准，现准予使用土地。特发此书。

本批准书在颁发之日起至　　年　　月期间有效。

填发机关

年　　月　　日

图 3 - 11　建设用地批准书样张

3.3.2.2　国有土地划拨审批（供地批文）

（1）审批流程。

国有土地划拨审批（供地批文）的行政许可权限划分为：有下列情形之一的，由市规划土地管理部门审查，拟订供地方案，报市人民政府审批：

1）城市规划确定的本市重要地区和重要道路两侧的建设用地：（市规划土地管理部门核发规划许可的建设项目，原则上由市规划土地管理部门办理用地审批）。

2）国务院、国务院有关部门、国家计划单列企业和市人民政府批准的建设项目。

3）跨区（县）的建设项目。

4）其他需要由市人民政府批准的建设用地。

其他情况由区规划土地管理部门审批。按照工作的先后顺序，国有土地划拨审批流程如图3－12所示。

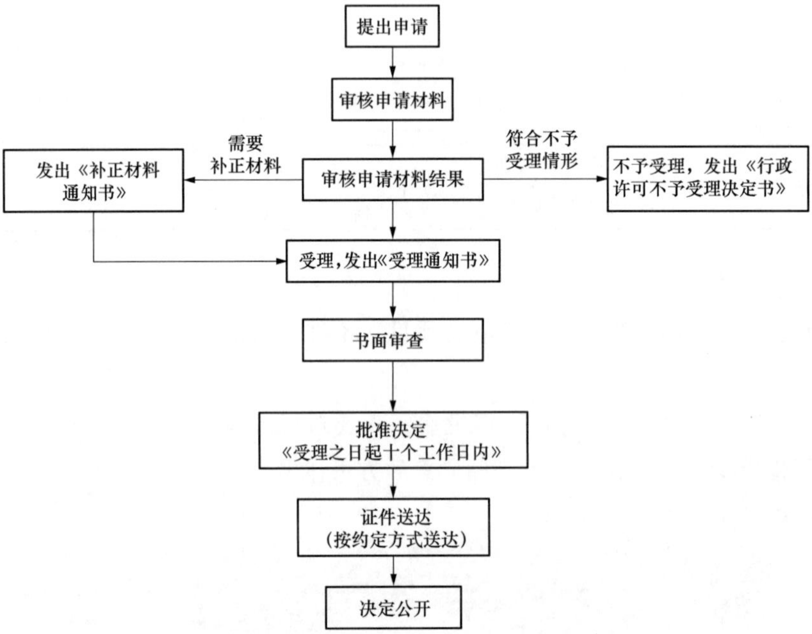

图3－12　国有土地划拨审批流程图

（2）申报材料。

建设用地批准书核发申报材料如表3－6所示。

表3－6　国有土地划拨审批申报材料

序号	材料名称	来源渠道	材料类型	纸质材料份数	材料形式	备注
1	上海市建设用地行政事务审批申请表	网上下载	原件	1	纸质或电子	规范、准确、完整填写，申请单位盖章

续表

序号	材料名称	来源渠道	材料类型	纸质材料份数	材料形式	备注
2	建设单位营业执照或法人代码证	市场监管局提供	原件	1	纸质或电子	此材料可通过大数据中心电子证照库调取，当事人免予提交
3	投资部门批准、核准或备案意见	投资部门提供	复印件	1	纸质或电子	此材料可通过网络核验或针对相应字段进行网络核验，当事人免予提交
4	上海市建设项目用地预审意见	规划资源部门提供	原件	1	纸质或电子	此材料可通过规划局内部系统进行调取，免予提交
5	建设用地规划许可证通知及附图	规划和自然资源部门提供	原件	1	纸质或电子	此材料可通过规划局内部系统进行调取，免予提交
6	经测绘成果管理部门确认的房屋土地权属调查报告书	具有资质的测绘部门提供	原件	1	纸质或电子	不减
7	经测绘成果管理部门确认的地籍图	具有资质的测绘部门提供	原件	4	纸质或电子	不减
8	土地所在区县人民政府征询意见回复	区规划资源部门提供	原件	1	纸质或电子	此材料可通过规划局内部系统进行调取，免予提交
9	涉及征收国有土地上房屋的，须提交规土部门出具的收地审核意见书和人民政府作出的房屋征收决定	规划资源部门及房管部门提供	复印件	1	纸质或电子	此材料可通过网络核验或针对相应字段进行网络核验，当事人免予提交

（3）注意事项。

1）审批内容：

a. 通过房屋征收程序收回土地：建设项目规划红线范围内涉及房屋的，应通过房屋征收程序收回土地。由市或区土地行政管理部门对受理要件进行审核，出具收回土地使用权的审核意见报市或区人民政府，经人民政府审核后作出房屋征收决定，同时收回土地使用权。

b. 通过公告收地程序收回土地：建设项目规划红线范围内不涉及房屋的，应通过公告收地程序收回土地。由市或区土地行政管理部门对受理要件进行审核，向市或区人民政府上报收回土地使用权请示，经市或区政府批复后，市或区土地管理部门应当至迟于收回土地使用权之日前6个月向土地使用权人发出收回国有土地使用权的通知（划拨土地的为 1 个月)，在地块范围内公告。公告应将收回土地坐落、四至范围、收回理由、收回日期、变更登记等事项告知土地使用权人。公告期不少于 10 日。

c. 已达成收储协议的收回土地：由市或区土地管理部门对收回土地权属、规划及项目情况进行审核，符合土地储备办法的，向市或区人民政府报收回土地使用权的请示，市或区人民政府审核批复后，印发收地批复、收地通知。

d. 划拨审批：对法律规定的符合国家划拨供地目录的建设用地项目，如城市基础设施用地和公益事业用地；国家重点扶持的能源、交通、水利等基础设施用地项目等，使用国有存量建设用地或新增建设用地的，由规划土地管理部门对项目用地进行审查，报人民政府批准，以划拨方式提供土地使用权。

e. 调整（含撤销）审批：建设项目需要调整原建设用地批文的，由建设用地单位向原批准用地机关提出调整事项申请。建设项目用地调整主要包含原划拨土地使用权调整范围、面积、建设主体。

2）关于变更：申请人取得行政审批后，需要对行政审批的内容进行变更的，应当向审批部门提出变更申请，经审批部门同意后方可作出变更。

（4）审批结果样本见图 3－13。

关于批准　建设　工程收回土地使用权和该项目供地方案的通知

市规划和自然资源局°区规划和自然资源局：

一、上报材料情况

为建设　工程填报的《上海市建设项目用地审批申请表》和你局《关于为　建设　收回土地使用权的请示》及为该项目编制的《建设用地项目供地方案》均收悉。

二、土地性质

格式一

经查，该项目供地涉及使用　图示范围国有土地　平方米（内含　用地　平方米、　用地　平方米）。("内含"后空格内填写原土地方名称和土地用途)。*另查，图示范围　平方米为该项目地下土地使用权水平投影占地范围。

格式二

经查，该项目供地涉及使用国有土地　平方米（原系市人民政府沪府土（200 ）号文批准征收范围内土地）。

三、相关部门批准文件

另查，该建设项目已经市（　区）发展和改革委员会　文批准（核准、备案）；该建设项目用地范围已由市（　区）规划局　文核发《建设用地规划许可证》。

四、收地核准

现经审核，同意收回该建设项目用地范围中涉及的　平方米国有土地，并按规定程序办理该土地的收回事宜；涉及军事用地的，应取得军事部门同意后方可用地。*经查，该建设项目用地中所涉　平方米国有土地，已经市或区（县）土地管理部门按规定程序办理收地手续。

五、供地核准

另批准你局为该建设项目编制的《建设用地项目供地方案》，该项目建设用地面积为　平方米，*　平方米水平投影占地范围的地下土地使用权（起至深度由建设工程规划许可证明确），由　建设　工程，以划拨方式供地；其余属　用地　平方米，建设用地单位应予退让，不得圈占，由　区土地管理部门作国有土地管理。*另批准为该项目施工建设需要临时使用土地　平方米，临时使用土地上不得修建永久性建筑物，临时使用土地期限为两年。(*或根据与原土地使用权人达成的协议确定临时使用期限)临时使用国有土地应与国有土地使用权用人达成补偿协议后方可用地，临时使用集体土地应与集体经济组织达成补偿协议后方可用地。

六、权属（或批文）变更

格式一

房地产登记机构根据《上海市房地产登记条例》办理相关《上海市房地产权证》变更°注销登记手续。

格式二

原沪府土（201 ）　号文根据本通知作相应调整。

七、供地要求

建设用地单位凭本通知并依据经批准的《建设用地项目供地方案》向你局办理国有土地划拨使用手续，按规定申领《划拨土地决定书》，并在申领《建设用地批准书》后方可用地。

发文日期

发文单位：市（区）人民政府

抄送：市规划和自然资源局、区规划和自然资源局、建设用地单位（均附图）

图 3－13　国有土地划拨审批（供地批文）样张

3.3.2.3　国有土地划拨决定书审批

（1）审批流程。

国有土地划拨决定书的行政许可权限划分为：有下列情形之一的，由市规划土地管理部门审查，拟订供地方案，报市人民政府审批：

1）城市规划确定的本市重要地区和重要道路两侧的建设用地（市规划土地管理部门核发规划许可的建设项目，原则上由市规划土地管理部门办理用地审批）。

2）国务院、国务院有关部门、国家计划单列企业和市人民政府批准的建设项目。

3）跨区（县）的建设项目。

4）其他需要由市人民政府批准的建设用地。

其他情况由区规划土地管理部门审批。按照工作的先后顺序，国有土地划拨决定书核发流程如图3－14所示。

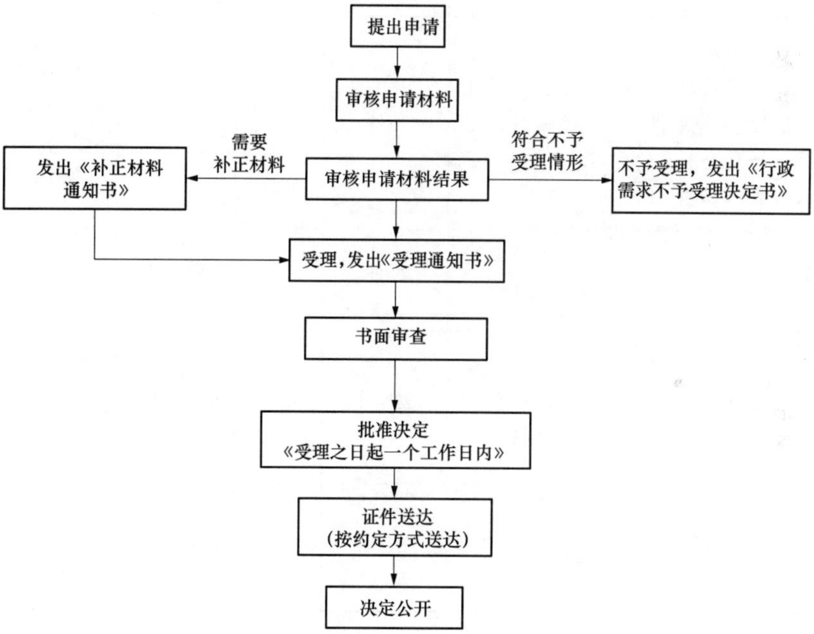

图3－14　国有土地划拨决定书核发流程图

（2）申报材料。

国有土地划拨决定书核发申报材料如表3－7所示。

表3－7　国有土地划拨决定书核发申报材料

序号	材料名称	来源渠道	材料类型	纸质材料份数	材料形式	备注
1	上海市建设用地行政事务审批申请表	网上下载	原件	1	纸质或电子	规范、准确、完整填写，申请单位盖章

续表

序号	材料名称	来源渠道	材料类型	纸质材料份数	材料形式	备注
2	该项目的供地批文	规划资源部门提供	复印件	1	纸质或电子	此材料可通过规划局内部系统进行调取，免予提交
3	涉及征收集体土地的，须提交征地结案表	规划资源部门提供	复印件	1	纸质或电子	此材料可通过规划局内部系统进行调取，免予提交
4	涉及占用耕地的，须提交耕地占用税完税凭证	税务管理部门提供	复印件	1	纸质或电子	此材料可通过网络核验或针对相应字段进行网络核验，当事人免予提交
5	涉及收回国有土地的，须提交补偿协议或公告期限届满的收地公告；涉及征收国有土地上房屋的，须提交房屋征收决定	规划资源部门及房管部门提供	原件	1	纸质或电子	此材料可通过网络核验或针对相应字段进行网络核验，当事人免予提交
6	地籍图	具有资质的测绘部门提供	原件	2	纸质或电子	不减
7	涉及重大工程的，应提供项目纳入重大工程的批复	市、区人民政府（重大办）提供	复印件	1	纸质或电子	此材料可通过网络核验或针对相应字段进行网络核验，当事人免予提交
8	经测绘成果管理部门确认的房屋土地权属调查报告书	具有资质的测绘部门提供	复印件	1	纸质或电子	不减

（3）注意事项。

1）审批内容。经人民政府批准，以划拨方式取得国有土地使用权的建设项目，由土地管理部门核发、调整《国有土地划拨决定书》。

2）关于变更。申请人取得审批部门行政许可后，需要对行政许可的内容进行变更的，应当向审批部门提出变更申请，经审批部门同意后方可作出变更。

（4）审批结果样本见图 3－15。

3.4.3 建设工程规划许可证审批及支撑性批文审批

建设工程规划许可证审批的支撑性批文为施工图设计文件审查合格书。

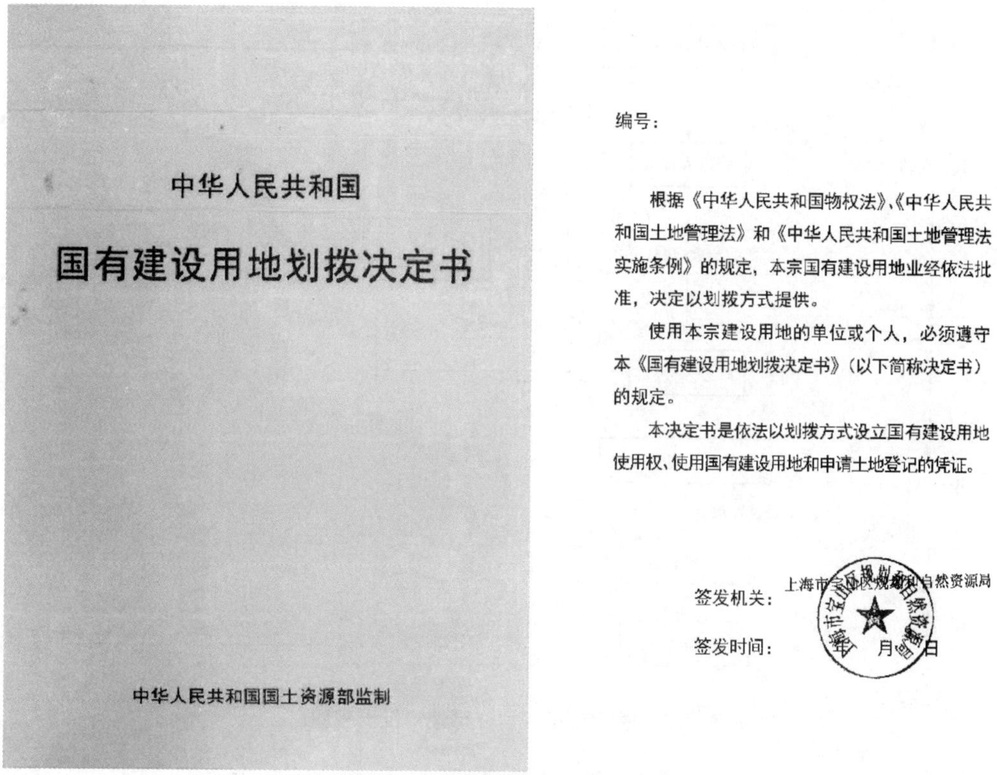

中华人民共和国

国有建设用地划拨决定书

中华人民共和国国土资源部监制

编号：

根据《中华人民共和国物权法》、《中华人民共和国土地管理法》和《中华人民共和国土地管理法实施条例》的规定，本宗国有建设用地业经依法批准，决定以划拨方式提供。

使用本宗建设用地的单位或个人，必须遵守本《国有建设用地划拨决定书》（以下简称决定书）的规定。

本决定书是依法以划拨方式设立国有建设用地使用权、使用国有建设用地和申请土地登记的凭证。

签发机关：上海市宝山区规划和自然资源局

签发时间： 月 日

图3－15 国有土地划拨决定书样张

3.4.3.1 建设工程规划许可证审批

（1）审批流程。

建设工程规划许可证的行政许可权限划分依据为《上海市建设工程规划管理市、区（县）分工实施意见》。下列建设工程由市规划行政管理部门负责管理：

1）历史文化风貌区内建设项目和文物保护单位、优秀历史建筑；

2）黄浦江和苏州河两岸（中心城内区段）、淀山湖风景区内的建设项目；

3）世博会规划红线范围内建设项目；

4）全市性、系统性的市政建设工程；

5）保密工程、军事工程等建设工程；

6）人民政府制定的其他建设工程。

前款规定范围以外建设工程，由市规划行政管理部门区（县）受理点、市规划行政管理部门派出机构、根据市政府有关文件接受委托的市级管委会及区（县）规划行政管理部门负责管理。按照工作的先后顺序，建设工程规划许可证审批流程如图3－16所示。

（2）申报材料。

建设工程规划许可证审批申报材料如表3－8所示。

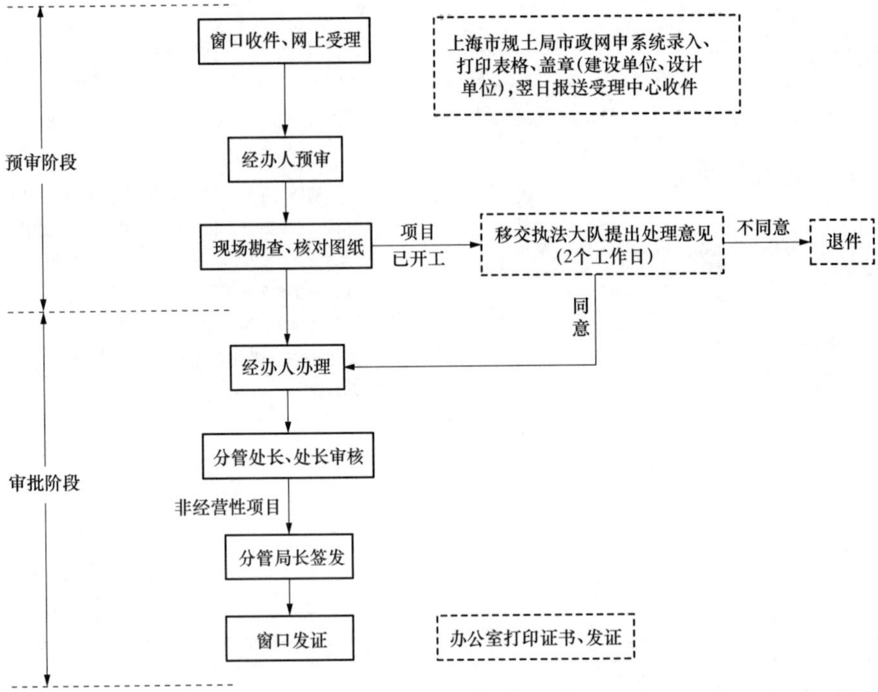

图3－16　建设工程规划许可证审批流程图

表3－8　建设工程规划许可证审批申报材料

序号	提交资料名称	原件/复印件	份数	纸质/电子	备注
1	《上海市建设工程规划许可证申请表》	原件	1	纸质	申请单位、政府（开发区）盖章
2	建设项目承诺书	原件	1	纸质	申请单位盖章
3	1/500或1/1000建筑施工总平面图以及1/500或1/1000（郊区1/2000）地形图	原件	图纸四份 电子文件一份 市局审批三份	电子和纸质	总平面图上应标明以下内容并盖章：建设基地用地界限；周边地形；各项规划控制线；拟建建筑位置（包括地下和地上建筑）、建筑物角点轴线标号；基地内外的建筑间距、建筑退界距离、后退建筑控制线距离、建筑物层数、绿化、车位、道路交通等；图纸应符合国家和本市施工图出图标准，并加盖建筑设计单位“工程施工图设计出图”专用章和设计负责人、注册建筑师印章、施工图审查公司审核章；总平面图需在有市测绘院提供的电子地形图上划示，标注单位为米，坐标系为上海城市坐标系
4	建筑施工图（平、立、剖面图和图纸目录）	原件	纸质三套 电子文件一套	电子和纸质	图纸须符合国家和本市施工图出图标准，并加盖设计单位“工程施工图设计出图”专用章和设计负责人、注册建筑师印章、施工图审查公司审核章

续表

序号	提交资料名称	原件/复印件	份数	纸质/电子	备注
5	建筑面积分层面积表	原件	2	纸质	须加盖设计单位图章
6	基础施工平面图、基础详图及桩位平面布置图	原件	纸质二套电子文件一套	电子和纸质	图纸须加盖设计单位“工程施工图设计出图”专用章和设计负责人、注册结构工程师印章、施工图审查公司审核章
7	用于项目公示的建设工程平面图示意图	原件	3	电子和纸质	
8	按有关规定加送有相应资质部门编制的日照分析报告	原件	2	电子和纸质	属高层建筑项目，周边有住宅文教卫生建筑的
9	公建配套协议	原件	1	纸质	属住宅建设项目的
10	建筑工程概预算书	原件及复印件	1	纸质	
11	批准的建设项目初步设计文件或其他计划批准文件	原件及复印件	1	纸质	
12	相关部门审核意见（环保、民防、绿化等）	原件	1	纸质	
13	《建设工程规划设计方案批复》及附图	复印件	1	纸质	
14	用地规划许可证及附图、土地出让合同、建设用地批准书（产权证）、土地勘测定界报告书及附图	复印件	1	纸质	
15	设计文件审查备案意见和审图合格书	原件	各1	纸质	
16	因建设项目的特殊性需要提交的相关材料				

（3）注意事项。

1）审批内容。建设项目位置、建设用地面积、建设用地性质、建设工程性质、规模、容积率、建筑密度、绿化率、建筑高度、建筑间距、退界及其他规划条件。

2）本审批事项不予批准的情形：

a. 建设项目不符合核定的建设工程设计方案的；

b. 建设项目不符合批准的控制性详细规划或者村庄规划；

c. 建设项目不符合规划管理技术规范和标准的要求的。

3）批准的：

a.《建设工程规划许可证》，证件样本附后。证件有效期六个月。

内容：建设单位（个人）、建设项目名称、建设位置、建设规模。

b. 在批准同意发证的地形图和总平面设计施工图上分别加盖“规划管理业务专用章”，并在建筑施工图（平、立、剖面图及基础结构图）上加盖核发的《建设工程规划许可证》编号。

c.《建设工程开工复验灰线申请表》和《建设工程竣工规划验收申请表》各一份。

4）不批准的：

不予行政许可决定书（包括建设项目名称、申请许可日期、不批准的理由）。

（4）审批结果样本。

建设工程规划许可证样张见图3－17。

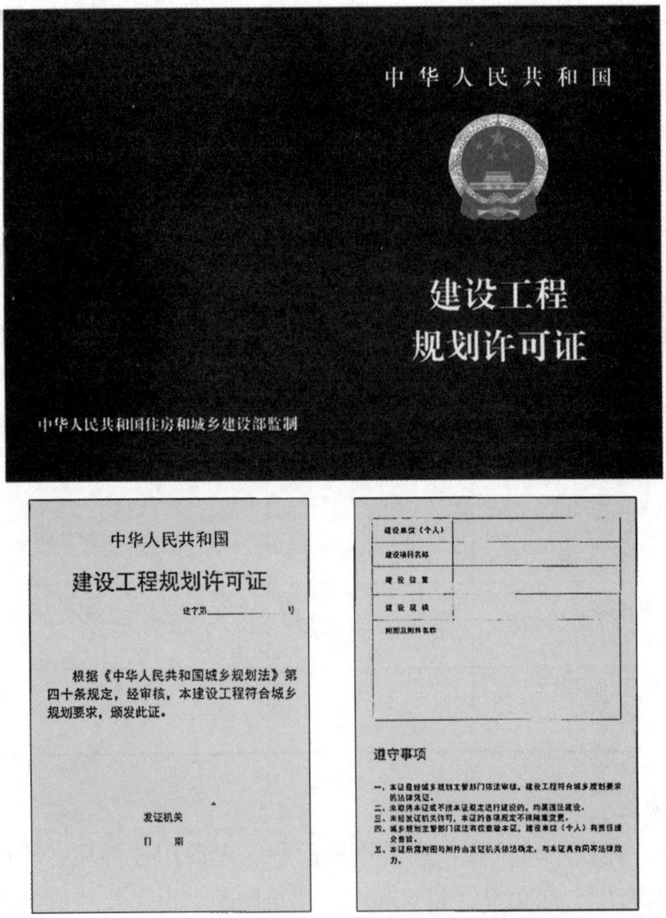

图3－17　建设工程规划许可证样张

3.4.3.2　施工图的审查

施工图审查是施工图设计文件审查简称，是指建设主管部门认定的施工图审查机构按照有关法律、法规，对施工图涉及公共利益、公众安全和工程建设强制性标准的内容进行的审查，其流程见图 3－18，合格书样张见图 3－19。

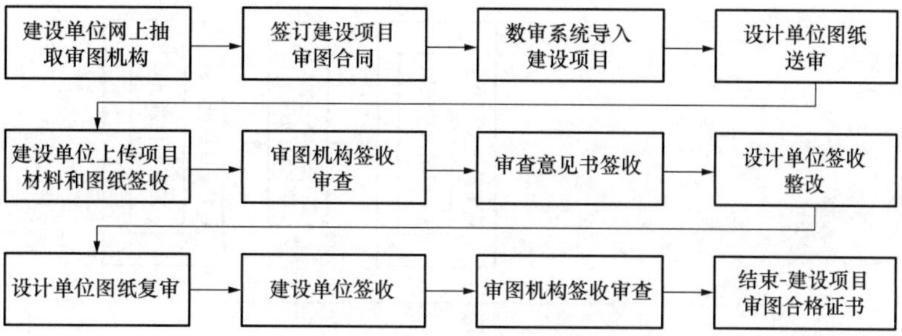

图 3－18　施工图审查流程图

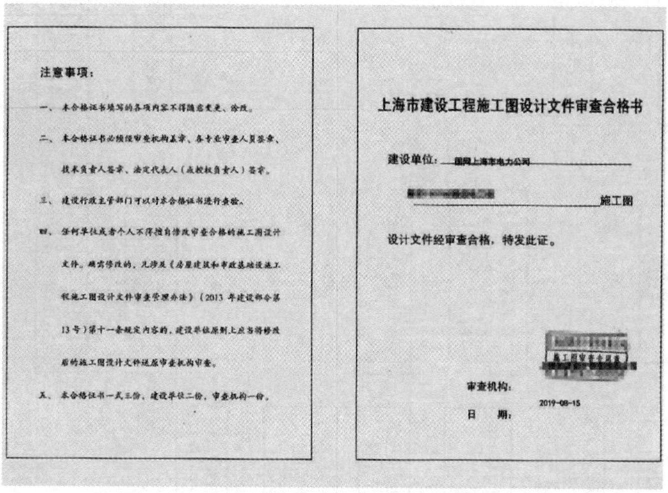

注意事项：

一、本合格证书填写的各项内容不得随意更改、涂改。

二、本合格证书必须经审查机构盖章、各专业审查人员签章、技术负责人签章、法定代表人（或授权负责人）签章。

三、建设行政主管部门可以对本合格证书进行查验。

四、任何单位或者个人不得擅自修改审查合格的施工图设计文件。确需修改的，凡涉及《房屋建筑和市政基础设施工程施工图设计文件审查管理办法》（2013 年建设部令第 13 号）第十一条规定内容的，建设单位原则上应当将修改后的施工图设计文件送原审查机构审查。

五、本合格证书一式三份，建设单位二份，审查机构一份。

上海市建设工程施工图设计文件审查合格书

建设单位：国网上海市电力公司

[redacted] 施工图

设计文件经审查合格，特发此证。

审查机构：

日　　期：2019-08-15

图 3－19　施工图设计文件审查合格书样张

3.4.4　建设工程项目施工许可证审批

3.4.4.1　审批流程

建设工程项目施工许可证的行政许可权限划分为：上海市住房和城乡建设管理委员会负责本市建筑工程施工许可的综合管理和监督；上海市城乡建设和管理委员会行政服务中心负责市管项目（市政基础设施类交通工程及其附属用房和设施除外）的建筑工程施工许可证的办理；区建设行政管理部门按照其职责权限，负责所属区管项目（市政基础设施类交通工程及其附属用房和设施除外）的建筑工程施工许可证的办理；市政府委托实施管理的管委会负责管理范围内的建筑工程施工许可证的办理；市、区交通管理部门按照其职责权限，负责本市市政基础设施类交通工程（含附属用房和设施）的施工许可证的办理。按照工作的先后顺序，建筑工程项目施工许可证审批流程如图 3－20 所示。

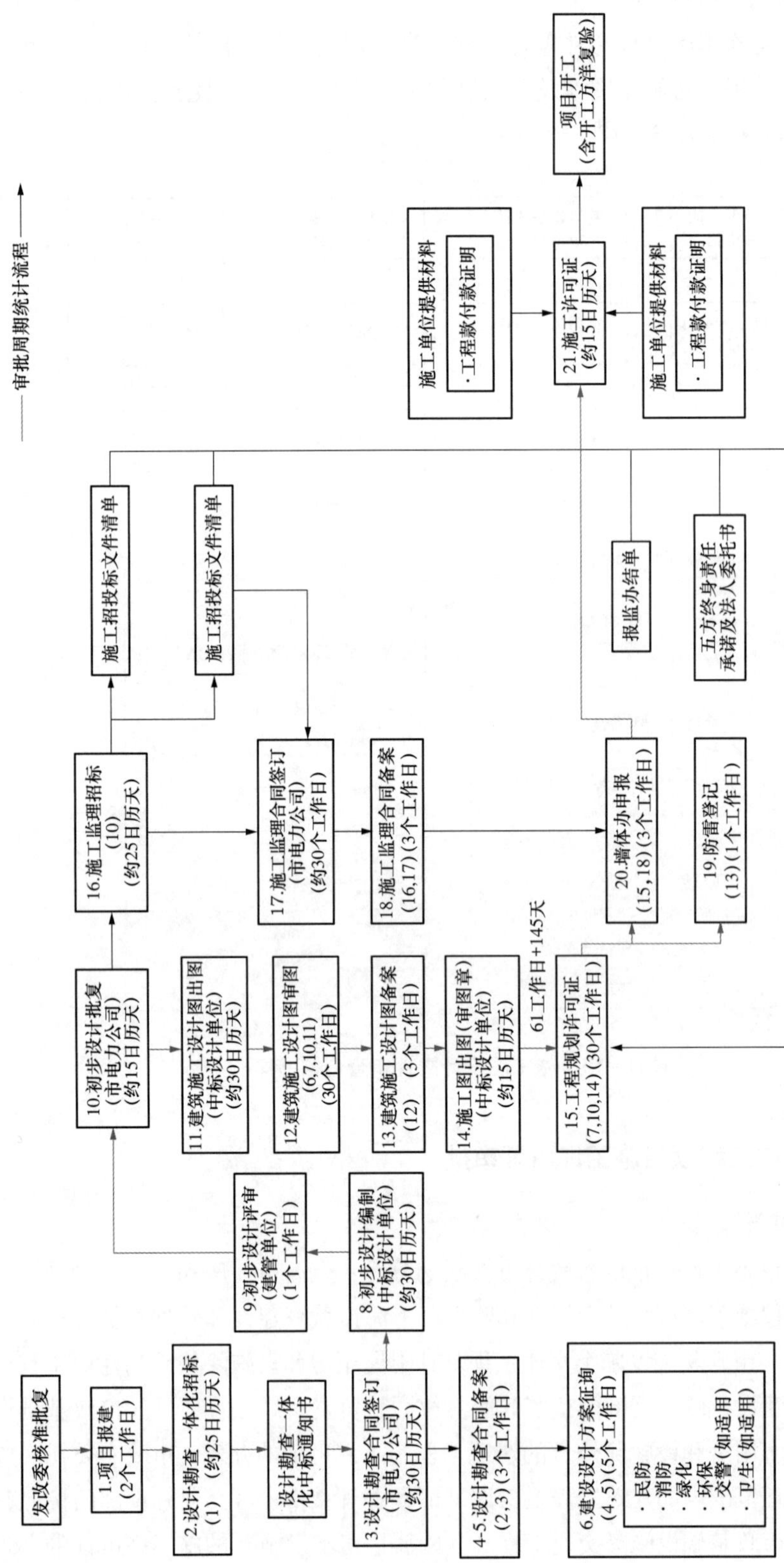

图3-20 建设工程项目施工许可证审批流程图

3.3.4.2 申报材料

建设工程项目施工许可证审批申报材料如表3-9所示。

表3-9 建设工程项目施工许可证审批申报材料

序号	材料名称	来源渠道	材料类型	纸质材料份数	材料形式	备注
1	施工许可申请表（本次申请范围）	申请人自备	原件	1	纸质	
2	建设用地批准书或房地产权证（或不动产权证）	上海市规划和自然资源局、上海市自然资源确权登记局	原件及复印件	1	纸质	
3	《建设工程规划许可证》	上海市规划和自然资源局	原件及复印件	1	纸质	
4	建设资金已经落实及无拖欠款承诺书	申请人自备	原件	1	纸质	
5	《施工场地已经基本具备施工条件的承诺书》或者相关证明文件	申请人自备	原件	1	纸质	
6	《上海市建筑工程现场质量安全措施落实保证书》	申请人自备	原件	1	纸质	
7	法定代表人委托书	申请人自备	原件	1	纸质	
8	经办人身份证	各地公安局	原件及复印件	1	纸质	
9	其他格式文本	申请人自备	原件	—	纸质	

3.3.4.3 注意事项

（1）审批内容。

本市行政区域内工程投资额在100万元及以上的房屋建设工程及其附属设施、市政基础设施工程、房屋装修装饰工程的施工许可证。

（2）申领材料。

1）建设工程项目施工许可申请表；

2）建设工程规划许可证（原件复核）；

3）建设工程建设用地批准书或土地证（原件复核）；

4）施工中标通知书（原件复核）；

5）工程预付款付费凭证（原件复核）；

6）现场具备施工条件的承诺书；

7）建设工程不拖欠工程款的承诺书；

8）五方终身责任承诺书及法人委托书。

五方终身责任承诺是指设计，勘察，施工，监理，业主的工程负责人（项目经理、总监）对工程质量终身责任的承诺。

（3）有效期及延续。

有效期为自发证日期起一年。建设单位应当自领取施工许可证之日起三个月内开工，三个月内未开工的项目，必须办理施工许可证延期手续，延期以两次为限。

（4）其他事项。

建设工程项目施工许可的申请，必须使用公司的“法人一证通”，通过上海市住房和城乡建设管理委员会网站上的网上窗口进行填写，申报。

建设工程项目施工许可的申请前，必须完成：

1）设计，监理，施工单位的网上合同备案；

2）建设工程项目施工图审图；

3）建设工程规划许可证；

4）建设工程建设用地批准书或土地证；

5）建设工程新型墙体专项基金的备案、缴款。

3.3.4.4　审批结果样本见图 3－21。

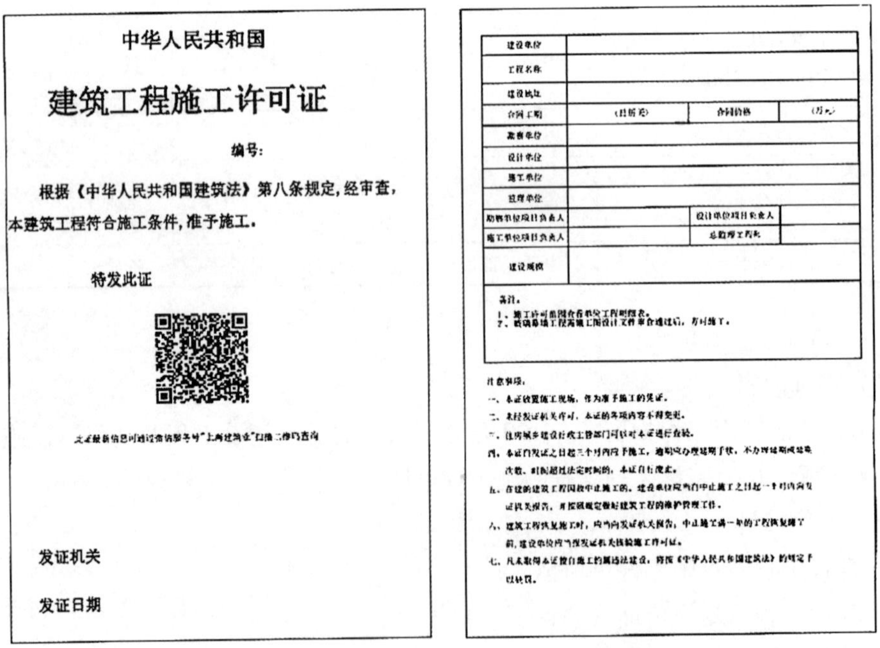
中华人民共和国

建筑工程施工许可证

编号:

根据《中华人民共和国建筑法》第八条规定，经审查，本建筑工程符合施工条件，准予施工。

特发此证

本证最新信息可通过微信服务号"上海建筑业"扫描二维码查询

发证机关

发证日期

建设单位			
工程名称			
建设地址			
合同工期	（日历天）	合同价格	（万元）
勘察单位			
设计单位			
施工单位			
监理单位			
勘察单位项目负责人		设计单位项目负责人	
施工单位项目负责人		总监理工程师	
建设规模			

备注：

1、施工许可范围含各单位工程明细表。

2、……工程施工图设计文件审查通过后，方可施工。

注意事项：

一、本证放置施工现场，作为准予施工的凭证。

二、未经发证机关许可，本证的各项内容不得变更。

三、住房城乡建设行政主管部门可以对本证进行查验。

四、本证自发证之日起三个月内应予施工，逾期应办理延期手续，不办理延期或延期次数、时间超过法定时间的，本证自行废止。

五、在建的建筑工程因故中止施工的，建设单位应当自中止施工之日起一个月内向发证机关报告，并按照规定做好建筑工程的维护管理工作。

六、建筑工程恢复施工时，应当向发证机关报告；中止施工满一年的工程恢复施工前，建设单位应当报发证机关核验施工许可证。

七、凡未取得本证擅自施工的属违法建设，将按《中华人民共和国建筑法》的规定予以处罚。

图 3－21　建筑工程项目施工许可证样张

3.4.5　建筑工地夜间施工作业审批

（1）审批流程。

建筑工地夜间施工作业审批的行政许可权限划分为：区（县）环保局负责所辖重点区域的夜间房屋类建筑施工许可的受理、现场核查及许可后的监管工作，以及一般区域的房屋类建筑工程夜间施工的许可。建筑工地夜间施工作业审批流程如图3－22所示。

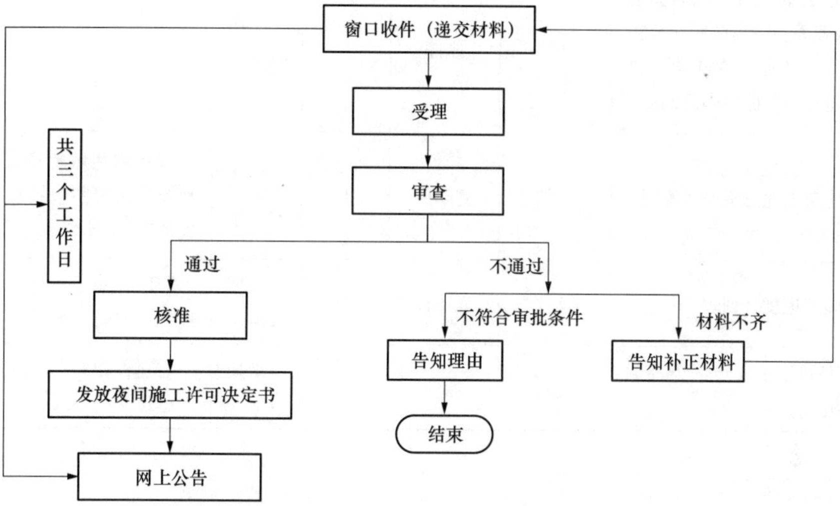

图3－22　建筑工地夜间施工作业审批流程图

（2）申报材料。

建筑工地夜间施工作业审批申报材料如表3－10所示。

表3－10　建筑工地夜间施工作业审批申报材料

序号	材料名称	来源渠道	材料类型	纸质材料份数	材料形式	备注
1	填写并加盖公章后的《房屋建筑类工地夜间施工作业许可申请表》	其他	原件	1	纸质或电子	需建设单位、施工单位共同盖章
2	工程项目的《建筑工程施工许可证》	住建、交通等部门	复印件	1	纸质或电子	如能通过“一网通办”电子证照库数据共享，可免于提交
3	相关单位的营业执照	市场监管部门	复印件	1	纸质或电子	包括建设单位、承包施工单位、工程转承包单位。如能通过“一网通办”电子证照库数据共享，可免于提交
4	建设工程监管部门提供的该项工程属于允许夜间施工的特殊工序（或需要）的证明件	建管委质监站	原件	1	纸质	

续表

序号	材料名称	来源渠道	材料类型	纸质材料份数	材料形式	备注
5	施工单位与当地居委会（或业委会、小区所在地街道、正政府）签订的《夜间建筑施工谅解协议》	其他	原件	1	纸质或电子	
6	建筑工地总平面布置图	其他	复印件	1	纸质或电子	包括周边敏感建筑分布情况和施工布置图包括施工设备布置情况
7	施工进度计划表	其他	复印件	1	纸质或电子	需建设单位、施工单位、监理单位共同盖章
8	夜间施工噪声污染控制措施	其他	原件	1	纸质或电子	需建设单位、施工单位、监理单位共同盖章

（3）注意事项。

1）审批内容：房屋类建筑工程夜间施工许可的审批意见。

2）有效期的延续：应当在有效期届满前向发证机关提出申请。

（4）审批结果样本见图 3－23。

XX 区 环 境 保 护 局

准 予 行 政 许 可 决 定 书

___环保许[2018]第***号

上海***公司：

你单位于 2018 年**月**日向本机关提出的***项目夜间施工申请，经审查认为：

该夜间施工项目符合相关法律法规，根据《中华人民共和国环境噪声污染防治法》和《上海市环保局、市住房城乡建设管理委、市交通委、市公安局、市城管执法局关于印发<上海市建设工程夜间施工许可和备案审查管理办法>的通知》（沪环保防[2016]243 号）的规定，本机关决定：

（1）准予你单位于 2018 年**月**日至**月**日（每天 22 时至次日 6 时）进行**夜间施工；

（2）在施工前，应张贴告示居民；

（3）在施工过程中严格遵守有关夜间施工的规定，加强管理，落实防治措施，做到文明施工；

（4）***。

（印章）

2018 年**月**日

图 3－23　建筑工地夜间施工作业行政许可决定书样本

3.4.6 管线类证照审批

3.4.6.1 建设工程规划许可证（市政管线）审批

（1）审批流程。

管线工程规划许可证即建设工程规划许可证（市政管线）审批的行政许可权限划分依据为《上海市建设工程规划管理市、区（县）分工实施意见》。下列建设工程由市规划行政管理部门负责管理：

1）历史文化风貌区内建设项目和文物保护单位、优秀历史建筑；

2）黄浦江和苏州河两岸（中心城内区段）、淀山湖风景区内的建设项目；

3）世博会规划红线范围内建设项目；

4）全市性、系统性的市政建设工程；

5）保密工程、军事工程等建设工程；

6）人民政府制定的其他建设工程。

前款规定范围以外建设工程，由市规划行政管理部门区（县）受理点、市规划行政管理部门派出机构、根据市政府有关文件接受委托的市级管委会及区（县）规划行政管理部门负责管理。按照工作的先后顺序，审批流程如图 3－24 所示。

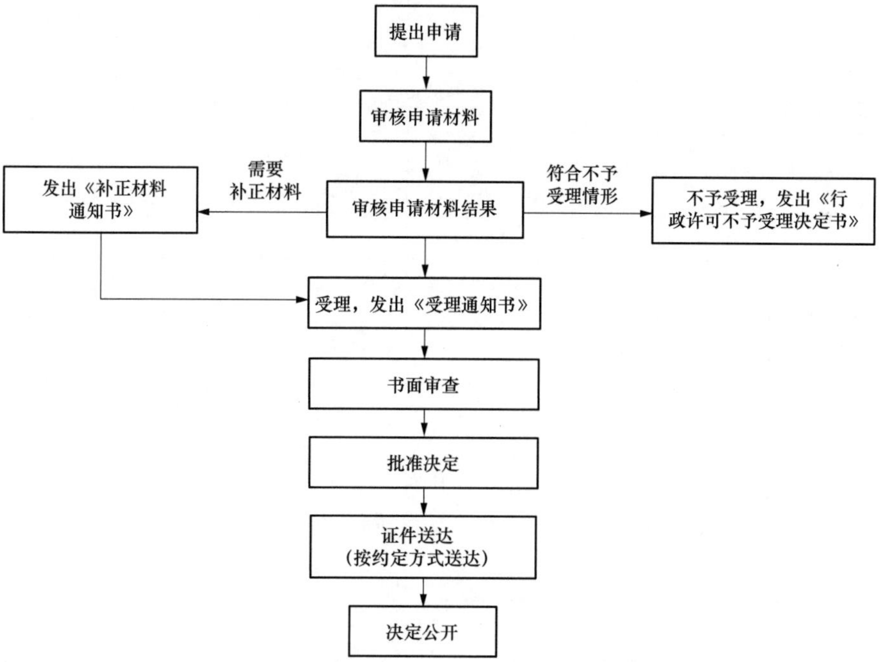

图 3－24 建设工程规划许可证（市政管线）审批流程图

（2）申报材料。

建设工程规划许可证（市政管线）审批申报材料如表 3－11 所示。

表3-11　　建设工程规划许可证（市政管线）审批申报材料

序号	材料名称	来源渠道	材料类型	纸质材料份数	材料形式	备注
1	上海市《建设工程规划许可证》（新办）申请表	申请人自备	原件	1	纸质或电子	规范、准确、完整填写，申请单位盖章
2	建设单位/设计单位/跟测单位承诺书	建设单位/设计单位/跟测单位	原件	1	纸质或电子	作为申请表附件，并入申请表
3	1/500 或 1/1000 管线施工总平面图	设计单位	原件	3	纸质或电子	纸质3份，电子文件1份；总平面图应符合国家和本市施工图出图标准，并加盖建筑设计单位“工程施工图设计出图”专用章和设计负责人、注册建筑师印章；总平面图需要有市测绘院提供的电子地形图上划示，标注单位为米，坐标系为上海城市坐标系
4	管线施工图	设计单位	原件	3	纸质或电子	纸质3份，电子文件1份；图纸须符合国家和本市施工图出图标准，并加盖设计单位“工程施工图设计出图”专用章和设计负责人、注册建筑师印章
5	用于项目公告的建设工程总平面图	设计单位	原件	2	纸质和电子	纸质2套、电子1套；详见沪规土资建规（2014）383号文
6	地下管线跟踪测量技术服务合同（可选）	申请人自备	原件	1	纸质或电子	属地下管线工程的，需要提供
7	建设项目计划批准文件	市、区发改委等部门/直属主管部门	原件	—	电子	（1）电子证照：此材料可通过市大数据中心电子证照库调取的，当事人免予提交； （2）直属主管部门审批的申请人自备
8	《地质灾害危险性评估报告专家审查意见》或《建设项目地质灾害防治承诺书》	申请人自备	原件	1	纸质或电子	
9	管线工程如征用、调拨或临时使用土地及拆迁房屋，应加送土地批准文件	规划资源部门	原件	1	纸质或电子	内部经验：此材料可通过规划局内部系统进行调取的，免予提交
10	历史管线情况说明	申请人自备	原件	—	纸质或电子	

（3）注意事项。

1）审批内容：建设项目位置、规模间距、退界及其他规划条件。

2）有效期的延续：应当在有效期届满前一个月向发证机关提出申请。

（4）审批结果样本见图3－25。

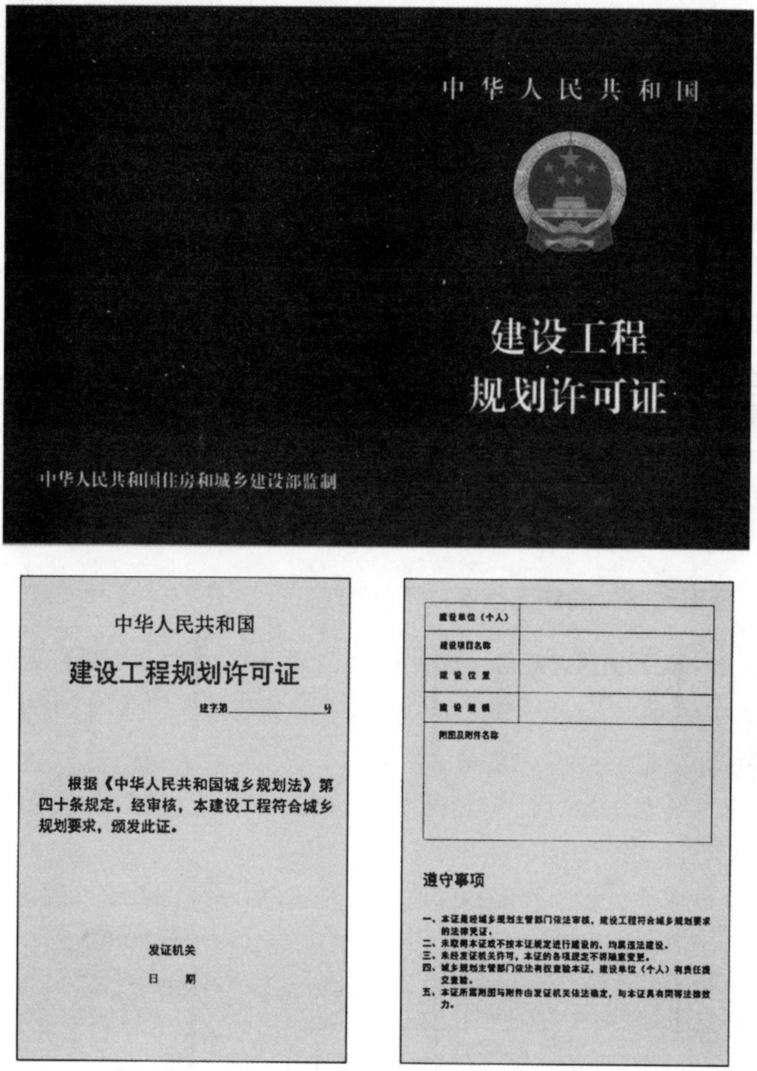
中华人民共和国

建设工程规划许可证

中华人民共和国住房和城乡建设部监制

中华人民共和国

建设工程规划许可证

建字第________号

根据《中华人民共和国城乡规划法》第四十条规定，经审核，本建设工程符合城乡规划要求，颁发此证。

发证机关

日　期

建设单位（个人）	
建设项目名称	
建设位置	
建设规模	
附图及附件名称	

遵守事项

一、本证是经城乡规划主管部门依法审核，建设工程符合城乡规划要求的法律凭证。
二、未取得本证或不按本证规定进行建设的，均属违法建设。
三、未经发证机关许可，本证的各项规定不得随意变更。
四、城乡规划主管部门依法有权查验本证，建设单位（个人）有责任提交查验。
五、本证所需附图与附件由发证机关依法确定，与本证具有同等法律效力。

图3－25　建设工程规划许可证样张

4 110（35）kV变电站及电力通道相关技术规范

4.1 110(35)kV变电站相关技术规范

配电网工程项目前期的工作范围涵盖多类工程，在此之中，输变电工程所涉及的工作内容最为全面且具有一定的普适性，而在输变电工程中变电站站址的确定与电力通道的选择尤为重要。本节重点论述变电站选址、建设类型、电力通道的概念等，旨在让读者对变电站站址及电力通道有一个初步的了解。

4.1.1 变电站站址的确定因素

根据DL/T 5542－2018《配电网规划设计规程》中关于变电站站址选择，变电站站址的确定因素主要为以下几个方面：

（1）变电站选址应符合下列规定：

1）根据供电区分类及负荷分布情况进行合理规划布点，满足供电能力、供电范围、网架结构、供电可靠性等方面的要求。

2）站址选择宜靠近规划区域的负荷中心并考虑原有网架结构，实现就近供电降低损耗和投资。

3）站址进出线条件较好，能满足各电压等级出线对走廊的需求。

（2）变电站站址选择应根据电力系统规划设计的网络结构、负荷分布、城乡规划、征地拆迁和下列条款的要求进行全面综合考虑，通过技术经济比较和效益分析，选择最佳的站址方案：

1）选择站址时，应充分考虑节约用地，合理使用土地；尽量不占或少占耕地和经济效益高的土地，并注意尽量减少土石方量。

2）站址选择应按审定的本地区电力系统远景发展规划，充分考虑出线条件，留出架空和电缆线路的出线走廊，避免或减少架空线路交叉跨越和电缆线路之间的交叉布置；架空线路终端塔的位置和站内电力出线通道宜在站址选择规划时统一安排。

（3）站址选择宜靠近交通干线，方便进站道路引接和大件运输。

（4）站址选择应具有适宜的地质、地形条件，应避开滑坡、泥石流、明和暗的河塘、塌陷区和地震断裂地带等不良地质构造，避开溶洞、采空区、岸边冲刷区、易发生滚石的地段，还应注意尽量避免或减少破坏林木和环境自然地貌。

（5）站址选择应避让重点保护的自然区和人文遗址，也不应设在有重要开采价值的矿藏上。

（6）应满足防洪及防涝要求，否则应采取防洪及防涝措施。

（7）选址时应考虑变电站与邻近设施、周围环境的相互影响和协调，并取得有关协议；站址距飞机场、导航台、地面卫星所、军事设施、通信设施以及易燃易爆等设施的距离应符合现行相关国家标准。

（8）站址不宜设在大气严重污秽移地区和严重盐雾地区；必要时，应采取相应的防污措施。

（9）站址的地震基本烈度应按 GB 18306《中国地震动参外、区划图》确定，站址位于地震烈度区分界线附近）确判断时，应进行烈度复核。

（10）变电站的布置应因地制宜、紧凑合理，尽可能节约用地原则。

（11）变电站的用地面积应按照变电站最终规模预留。

4.1.2 变电站建设类型

变电站设计应重视节约占地和与周边环境的协调。变电站配电装置的选型应综合考虑节约占地、设备小型化无油化、提高可靠性、满足环保要求、协调景观和节省投资等各方面因素，根据在上海市范围内外环线以内地区采用户内站变电站，其他地区按照所处的位置和重要性可选择其他形式变电站。

4.1.3 变电站与周围建筑的防护距离

1. 变电站用地控制

规划 110（35）kV 高压配电变电站的用地面积以 60m×40m 控制（包括消防通道）。110（35）kV 高压配电变电站的占地面积可分为本体占地面积、用地面积和控制面积，具体见图 4－1。

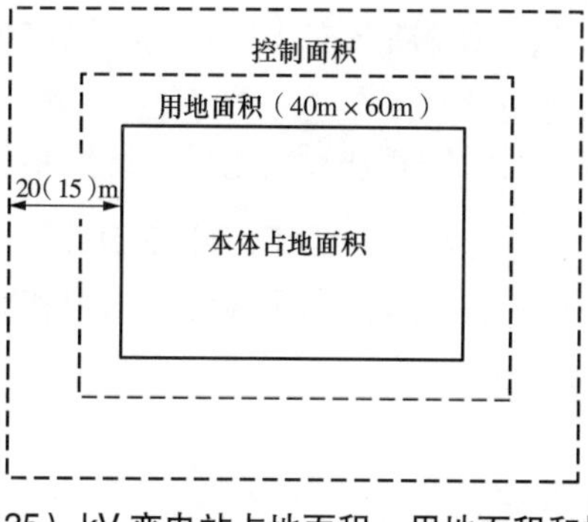

图 4－1 110（35）kV 变电站占地面积、用地面积和控制面积示意图

对于道路拐角处的高压配电变电站，应考虑如图4－2所示的要求。其中A点为两道路红线切线延长线的交点，B、C两点为切点，O点为拐角弧形圆心。要求变电站建筑到BC连线的最小距离不能小于5m，在计及夹角α及AC、AB长度的条件下，对变电站用地面积作应有的调整。

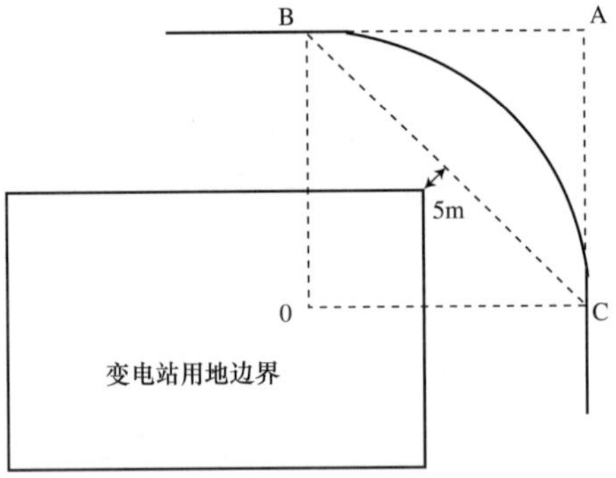

图4－2　道路拐角处110（35）kV高压配电变电站用地控制

2. 变电站防护距离

根据《上海市控制性详细规划技术准则》（2016年修订版）中8.2.6中的规定，8.2.6. 确保城市安全，在统筹考虑环境保护、土地集约使用等要求的基础上，在住宅、基础教育设施、医院、养老院等建筑和部分交通市政设施、危险品设施之间，控制必要的防护距离。根据8.4.10的规定，110 、35kV变电站与周边建筑的防护距分别为20、15m。110kV以上的变电站及其架空线路与通信局房的间距不得小于30m。变电站与电视差转台、转播台及无线电干扰设施的间距应符合相关规范。

3. 变电站后退规划红线距离

根据《上海市城市规划管理技术规定》中第34条、37条的规定：规划红线宽度小于或等于24m，变电站应后退3m；规划红线宽度大于24m，变电站应后退5m；变电站若位于道路交叉口，应后退规划红线5m。

4. 变电站后退河道蓝线和铁路黑线距离

根据《上海市城市规划管理技术规定》中第40条、41条的规定：变电站后退规划河道蓝线不得小于6m；后退高速铁路轨道中心线的距离不得小于50m；后退铁路干线轨道中心线的距离不得小于20m；后退铁路支线、专用线轨道中心线的距离不得小于15m。

5. 变电站后退轨道交通距离

根据《上海市城市规划管理技术规定》中第42条的规定：变电站后退磁悬浮交通线轨道中心线距离除有关规划另有规定外，不得小于50m；后退沿地面和高架轨道交通外边线外侧距离除规划另有规定外，不得小于30m；后退沿地下轨道外边线外侧距离应符合轨道交通管理的有关规定。

4.1.4 变电站环保及消防安全要求

根据 GB 12348—2008《工业企业厂界噪声标准》和 GB 3096—2008《声环境质量标准》，变电站的运行噪声应低于表 4－1 的水平。

表 4－1　环境噪声标准　dB

声环境功能区	0 类	1 类	2 类	3 类	4 类
昼间	50	55	60	65	70
夜间	40	45	50	55	55

按区域的使用功能特点和环境质量要求，声环境功能区分为以下五种类型：

0 类声环境功能区：指康复疗养区等特别需要安静的区域。

1 类声环境功能区：指以居民住宅、医疗卫生、文化教育、科研设计、行政办公为主要功能，需要保持安静的区域。

2 类声环境功能区：指以商业金融、集市贸易为主要功能，或者居住、商业、工业混杂，需要维护住宅安静的区域。

3 类声环境功能区：指以工业生产、仓储物流为主要功能，需要防止工业噪声对周围环境产生严重影响的区域。

4 类声环境功能区：指交通干线两侧一定距离之内，需要防止交通噪声对周围环境产生严重影响的区域。

消防要求：根据 DL/T 5056－2016《变电站布置设计技术规程》中 8.3.3 中的规定：站内主要消防环形道路路面宽度宜为 4m。

4.2 电力通道相关技术规范

电力通道是电网建设的一个重要组成部分，电力通道分为地上和地下两种，地上通道主要是以架设架空线的走廊通道，地下通道主要是为敷设电力电缆所需的通道位置。电力通道管位一般位于南北向道路东侧和东西向道路的南侧。

4.2.1 架空线通道

架空线路主要指架空明线，架设在地面之上，是用绝缘子将输电导线固定在直立于地面的杆塔上以传输电能的输电线路。架设及维修比较方便，成本较低，但容易受到气象和环境（如大风、雷击、污秽、冰雪等）的影响而引起故障。

架空线通道应根据城市地形、地貌特点和城市道路规划要求，沿道路、河渠、绿化带架设。路径选择应做到：短捷、顺直，减少与河道、道路、铁路的交叉。35kV 及以上高压线路应规划专用线路走廊。

4.2.2 电缆通道

4.2.2.1 地下电缆线路敷设方式

（1）110kV 及以上电缆应采用排管、隧道或专用沟槽敷设方式。

（2）35、10kV 电缆宜采用排管或专用沟槽敷设方式，不宜采用直埋敷设。直埋敷设适用于易于开挖的人行道下和建筑物的边沿地带，并宜采用钢带铠装电缆。

（3）沟槽敷设方式不宜在城区范围内使用，仅适用于不能直埋且无机动车负载的通道。如：人行道、变（配）电站内、工厂厂区等。

（4）城市地下电缆线路路径应与城市其他地下管线统一规划，变电站出口进出线的通道，应按最终规模一次实施。

4.2.2.2 敷设方式概述

（1）排管敷设。

排管敷设方式（见图 4-3）是以预制的硬质塑料圆管呈规定的方式排列，塑料硬管之间以水泥浇制，使整个排管工程成为一个整体，电缆敷设时仅需穿孔即可，无须开挖路面，是一种比较成熟的埋设方式。排管敷设适用于敷设电缆条数较多，且有机动车等重载的地段。如：市区道路、穿越公路、穿越绿化地带等。电缆排管孔径（内径）为 150、175mm；单排管范围的孔位排列一般有 2×10 孔、3×7 孔 2 种。

图 4-3 电缆排管敷设示意图

（2）直埋敷设。

直埋敷设方式（见图 4-4）是电力电缆直接埋设在地下，上面覆以水泥电缆盖板，以保护电缆不受外力破坏。直埋敷设适用于易于开挖的人行道下和建筑物的边沿地带，并宜采用钢带铠装电缆。

（3）沟槽敷设。

沟槽敷设方式（见图 4-5）是在地下建水泥沟槽在水泥沟槽两侧面上设置若干档角铁支架，电缆就敷设在角铁支架上，整条电缆沟以预制角钢水泥作为盖板，以保护电缆。但这种敷设方式不宜在城区范围内使用，仅适用于不能直埋且无机动车负载的通道。如：人行道、变（配）电站内、工厂厂区等。

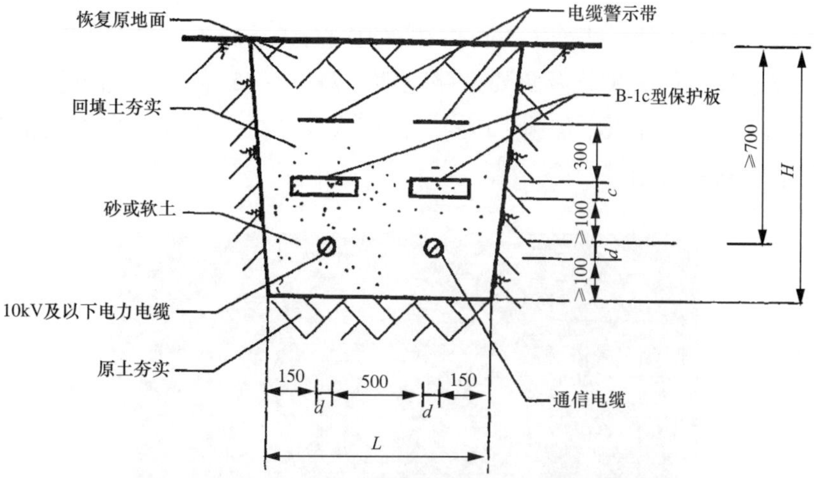

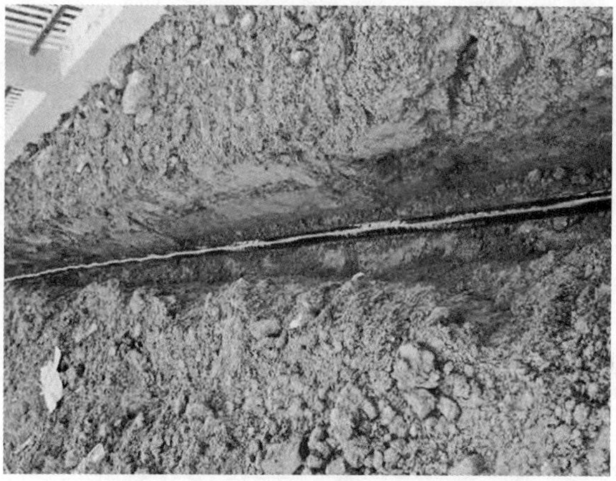

图 4－4　电缆直埋敷设示意图

图 4－5　电缆沟槽敷设示意图

(4) 隧道敷设。

隧道敷设方式（见图 4－6）与沟槽敷设相似，但规模要大得多，结构也要复杂得多，可以敷设几十根电缆，工作人员可以在隧道内行走、施工，内设照明。适用于电缆穿越大型河道、变电站进出线及重要道路电缆条数多（16 条以上）的地段。电力隧道虽然便于检修，运行费用低，但施工困难，投资大，应在变电站和重要道路建设以及改造的前期工作中统一规划。

图 4－6　电缆隧道敷设示意图

(5) 城市综合管廊。

综合管廊（见图 4－7）就是“城市市政地下管线综合体”，即在城市沿道路或管线

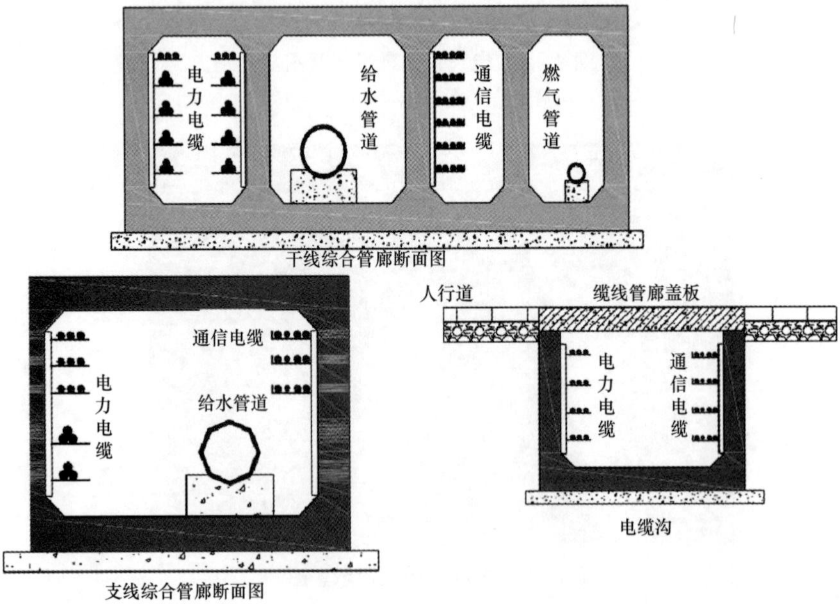

图 4－7　综合管廊敷设示意图

走廊带建造一个地下连续结构物，将以往直埋的市政管线，例如给水、雨水、污水、供热、电力、通信、燃气、工业等各种管线集中放入其中，并设置专门的配套系统，按照实际需求组织的规划、设计、建设和后期运营管理。

4.2.3 电力线路保护区

（1）根据《电力设施保护条例》（2011 修正版）架空电力线路保护区是指导线边线向外侧水平延伸并垂直于地面所形成的两平行面内的区域，在一般地区各级电压导线的边线延伸距离如下：

1）1~10kV：5m。

2）35~110kV：10m。

3）154~330kV：15m。

4）500kV：20m。

在厂矿、城镇等人口密集地区，架空电力线路保护区的区域可略小于上述规定。但各级电压导线边线延伸的距离，不应小于导线边线在最大计算弧垂及最大计算风偏后的水平距离和风偏后距建筑物的安全距离之和。

（2）电力电缆线路保护区：地下电缆为电缆线路地面标桩两侧各 0.75m 所形成的两平行线内的区域；海底电缆一般为线路两侧各 2 海里（港内为两侧各 100m），江河电缆一般不小于线路两侧各 100m（中、小河流一般不小于各 50m）所形成的两平行线内的水域。

5 推进配电网前期工作的原则及对策

电网建设是经济社会发展和建设和谐社会的重要基础条件，项目前期工作是电网建设的重要环节。在新的经济形势下，电网建设前期工作面临着诸多新问题，如何在实践中有效、妥善地解决这些矛盾和问题，提高前期工作质量，缩短工作周期，为后续项目建设提供尽可能多的便利条件，根据多年电网工作经验提出以下几点原则及对策。

5.1 推进配电网前期工作的原则

（1）依法办事原则。

在从事电网建设前期工作时要强化依法办事意识，在站址选择、路径规划、土地征用、环境保护、资源保护等方面主动履行社会责任，加强同各级政府、监管机构和社会各界的沟通，提高风险意识和服务意识，加强企业内控管理，规范职业行为，依法合规开展工作，要充分考虑电磁污染、噪声污染、城市发展等因素对线路走廊的要求，尽可能避免因非技术因素改造运行线路，有效规避风险。

（2）政府主导原则。

电网建设前期工作涉及面广，政策性强，必须坚持政府主导的原则，调动地方政府的积极性，变“被动支持”为“主动支持”，在政府领导和协调下开展工作，最大限度地争取政府的理解和支持。离开政府的主导作用，单凭电网企业唱“独角戏”，电网建设前期工作将困难重重。

（3）规划先行原则。

电网规划是电网建设前期工作的源头，“中华人民共和国城乡规划法”明确规定，电网规划要与地方发展规划相衔接，纳入地方总体规划，同步修编。电网建设前期工作必须坚持规划先行原则，在电网规划和地方发展总体规划、城市建设规划、土地利用规划的统一约束和指导下开展工作。要树立这样一个理念：不满足规划要求或不符合规划原则的前期工作是无效的，即使一些项目现在勉强实施，将来也会给电网企业留下运营大风险。

（4）资源节约原则。

节约资源是贯彻落实科学发展观的体现，也是国家网公司建设“资源节约型、环境友好型”电网的具体要求。在电网项目建设中必须坚持资源节约原则，最大限度节约土地资源，通过科学规划、不断优化电网网架、合理确定供电区域，以及采用新技术、新装备、新工艺和新材料来最大限度减少变电站和线路路径的土地占用和土地利用影响，为经济社会持续发展提供支持。另一方面，坚持资源节约原则也较容易得到地方政府的赞赏和大力支持，有利于顺利开展前期各项工作。

（5）以人为本，保护环境原则。

在电网建设过程中，广泛征求社会各方面的意见，最大可能减少对城市建设、城市发展以及居民生活的影响。确实无法避免的，要在可研阶段提请项目设计部门变更设计方案或采用技术手段妥善解决。要始终坚持以人为本，保护环境原则。

5.2 推进配电网工程项目前期工作的对策

（1）必须做到学法、懂法、依法、用法。

自觉学习掌握与电网企业关系密切的有关法律法规和政策规定，如《中华人民共和国环境保护法》《中华人民共和国物权法》《中华人民共和国城乡规划法》、各地政府出台的土地占用补偿标准等，提高自身办事能力。

深刻理解限制权力、关注民生、促进和谐的立法目的，准确解读相关法律法规中条款含义，结合电网企业实际情况，在工作中加以灵活运用。自觉履行国企社会责任，接受政府监管，强化规则意识，重视规则，遵守规则，按程序办事，依法规划电网、建设电网。运用法律知识，调节、维护好各方权益，做到既讲原则，又不失灵活，妥善处理、解决前期工作中遇到的各种法律纠纷和矛盾。

（2）建立政府领导下的前期协调常态工作机制。

电网企业要加强与地方各级政府的沟通，充分利用各种机会向地方政府领导介绍供电形势和电网状况，宣传电网建设项目的必要性、紧迫性，争取理解和支持。

努力促使地方政府成立有关电网规划建设方面的协调领导机构，包括各级政府相关职能部门负责人，定期召开工作例会，协调解决电网规划建设遇到的问题。要积极争取地方政府出台具体支持电网建设的政策或指导意见，明确政府各职能管理部门职责，创造良好的前期工作环境。

（3）上下联动，紧密配合，又好又快地开展前期工作。

电网企业应将电网建设作为第一要务，加大人、财、物投入，建立必要的组织和协调机制。坚持属地化管理原则，上、下级公司实现上下联动。要加强前期业务培训，保证公司相关岗位人员也都熟悉了解电网建设前期工作流程和办事程序。要实行标准化管理，公司可以将电网建设前期阶段所需各类支持性文件、报告、批复、征询意见函、图纸等制成模版，项目专职人员使用。

（4）建立长期的、良好的沟通渠道。

要大力开展人性化工作，努力与各级政府部门建立起长期的、良好的个人关系和沟通渠道。要充分尊重职能部门的办事程序和工作要求，按照规定办事。要提前准备好规范、准确、齐备的工作材料，避免返工。在日常交往中要加强沟通，增进友谊。

（5）做好前期与电网规划、地区规划的衔接工作。

电网建设前期工作要与电网规划做好衔接。电网规划是前期工作的依据和指导，偏离了规划，前期工作就失去了实际意义和价值。电网规划根据电力市场发展变化而进行滚动修订或调整后，前期工作计划也应随之进行相应的调整。

电网建设前期要与地区规划做好衔接。主要是实施时间和进度上的衔接，衔接的好，前期工作就能游刃有余，避免被动。前期工作进度过于超前地方规划，可能规划道路尚未成型，需增加施工进场道路投资。过于滞后地方规划，则可能产生不必要的拆迁费用和民事难题。

参考文献

［1］全国咨询工程师（投资）职业资格考试参考教材编写委员会．工程项目组织及管理．北京：中国统计出版社，2019.

［2］王雪青，杨秋波．工程项目管理．北京：高等教育出版社，2011.

［3］余潇，杨尉镙，陈涛．政府“简政放权”背景下奋力提升电网项目前期工作效率．供电企业管理，2016.

［4］解伟．核准制下的电网建设前期工作．能源技术经济，2011.

［5］黄元芳．当前电网建设项目前期面临问题和对策．电力技术，2009.

［6］胡滨，舒东胜，李健．电网项目前期工作外部环境分析和应对措施的探讨．能源技术经济，2010.

［7］苏炳环．电网项目建设前期工作难点及对策．广西电力，2011.

［8］祁碧茹．电网项目核准及前期工作有关问题的探讨［J］．电力技术经济，2007.